高职高专电梯工程技术专业规划教材

电梯工程项目管理与安全技术

第二版

陈炳炎　单武斌　吴　哲　主编

化学工业出版社

北京·

内 容 提 要

《电梯工程项目管理与安全技术》分为上、下两篇。上篇为电梯工程项目管理，主要介绍电梯项目管理基础知识、电梯项目安装施工组织和管理程序、电梯安装质量控制、电梯项目施工组织设计、电梯工程等内容。下篇为电梯工程安全技术，分别介绍了电梯工程危险因素分析、电梯工程的安全技术条件、电梯施工现场常用的应急措施和事故应急处理、电梯工程施工安全技术、电梯安装和维修保养安全技术、电梯工程中搬运和起重安全技术要求及电气设备安全技术等。

《电梯工程项目管理与安全技术》可作为高职高专电梯专业学生的教材，也可用于电梯项目经理的岗前培训和施工作业人员的安全教育。

图书在版编目（CIP）数据

电梯工程项目管理与安全技术/陈炳炎，单武斌，
吴哲主编．—2 版．—北京：化学工业出版社，2020.7
（2024.5重印）
高职高专电梯工程技术专业规划教材
ISBN 978-7-122-36876-8

Ⅰ．①电…　Ⅱ．①陈…②单…③吴…　Ⅲ．①电梯-
建筑安装-工程项目管理-高等职业教育-教材②电梯-
建筑安装-安全管理-高等职业教育-教材　Ⅳ．①TU857

中国版本图书馆 CIP 数据核字（2020）第 081777 号

责任编辑：刘　哲　　　　　　　　　　　　　装帧设计：张　辉
责任校对：赵懿桐

出版发行：化学工业出版社（北京市东城区青年湖南街 13 号　邮政编码 100011）
印　　刷：北京云浩印刷有限责任公司
装　　订：三河市振勇印装有限公司
787mm×1092mm　1/16　印张 10¾　字数 262 千字　2024 年 5 月北京第 2 版第 7 次印刷

购书咨询：010-64518888　　　　　　　　　　售后服务：010-64518899
网　　址：http://www.cip.com.cn
凡购买本书，如有缺损质量问题，本社销售中心负责调换。

定　价：32.00 元

第二版前言

随着中国经济的飞速发展，电梯行业得到了快速提升，电梯的整机产量和保有量都跃居世界第一。但由于发展过快，从事电梯制造、安装、检测、调试和保养的高技能型人才出现匮乏。这种情况不仅成为制约电梯行业快速发展的"瓶颈"，而且也为电梯的安全运行埋下了隐患。电梯运行质量的好坏，除了电梯的制造质量外，安装人员的素质和技能水平、安装过程的管理也对电梯的安全使用产生重要影响。

据统计，大多数的电梯人身伤害事故发生在电梯的安装、维修、保养等施工作业过程中，项目管理不规范和安全防护措施不到位是这类事故发生的主要原因。而在大型建筑安装群梯过程中，没有严格规范的项目管理和安全措施，不仅会造成施工现场的混乱，严重影响施工进度和工程质量，而且也给从业人员的人身安全埋下了巨大隐患。所以，提高电梯工程项目管理人员的施工管理水平，提高电梯安装、检测、维修等从业人员的技能水平，加强他们的规范管理与安全意识，是整个行业亟待解决的问题。

国家质量监督检验检疫总局、国家电梯质量监督检验中心等部门非常重视电梯从业人员的教育培训工作，可是目前有关电梯从业人员教育培训的系统教材很少，特别是针对电梯项目管理和施工安全技术的培训教材更少。电梯工程项目的科学管理和安全技术，不仅影响到电梯后续运行的安全性，也直接关系到安装、检测和维护等人员的生命安全，所以他们急需掌握电梯的基本知识、专业知识、安全知识、法规知识等理论和实际操作知识。

本书主要针对高职高专电梯专业的学生编写，也可用于电梯项目经理的岗前培训和施工作业人员的安全教育。全书分为上下两篇，上篇为电梯工程项目管理，阐述了电梯项目管理的基础知识、电梯项目安装施工组织和管理程序、电梯安装质量控制、电梯项目施工组织设计、电梯维修保养施工组织和管理程序、电梯工程大修改造等内容，目的在于帮助电梯从业人员掌握电梯项目管理的基本知识，提高对电梯项目管理重要性的认识；下篇为电梯工程安全技术，分别介绍了电梯工程项目安全与环境管理、电梯工程危险因素分析、电梯工程的安全技术条件、电梯施工现场常用的应急措施和事故应急处理、电梯工程施工安全技术、电梯安装和维修保养安全技术、电梯工程中搬运和起重安全技术要求、电气设备安全技术要求等，旨在提高读者的安全意识和安全技能，同时使读者熟悉电梯工程项目的工程管理及政府特种设备管理部门监管和检验检测的标准。本次修订主要是对标准的更新与贯彻。

　　本书由湖南电气职业技术学院电梯教研室组织编写与修订。本书第一版中，陈炳炎编写了第一～四章和第九章，吕小艳编写了第五～八章和第十章，马幸福和周献编写了第十一～十四章。吕小艳负责全书的校核工作。在第二版中，单武斌和吴哲对第一章、第二章、第五章和第九章部分内容和语言表述进行了修改，重新编写了第六章"电梯工程大修改造施工组织管理和质量监督"，对教材所涉及的相关标准进行了更新。在编写过程中得到了电梯行业同仁的大力支持和帮助。在此，向关心和支持本书编辑出版的有关人员和相关单位表示感谢。

　　由于编者水平有限，不足之处在所难免，恳请读者批评指正。

编者

目 录

上篇　电梯工程项目管理

第十章　电梯施工现场常用的应急措施和事故应急处理

第十一章　电梯工程施工安全技术

第十二章　电梯安装、维修保养工程安全技术

第十三章　电梯工程中搬运和起重安全技术要求

第十四章　电梯施工中电气设备安全技术要求

参考文献

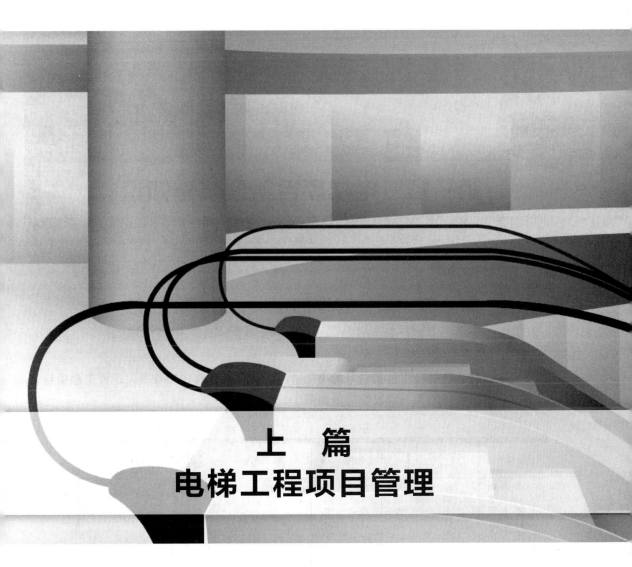

上　篇
电梯工程项目管理

第一章　电梯项目管理基础知识

第一节　项目管理的定义、目标和任务

一、项目管理的定义

建设工程项目的整个过程包括项目的决策阶段、实施阶段和使用阶段，建设工程项目管理时间范畴主要指项目的实施阶段管理，如图 1-1 所示。

	决策阶段	设计准备阶段	设计阶段			施工阶段	使用前准备阶段		保修阶段
时间 →	编制项目建议书	编制可行性研究报告	编制设计任务书	初步设计	技术设计	施工图设计	施工	竣工验收	使用开始	保修期结束

项目决策阶段　　　　　　项目实施阶段

图 1-1　建设工程项目实施阶段的组成

《建设工程项目管理规范》（GB/T 50326—2017）对建设工程项目管理做了如下的定义："运用系统的理论和方法，对建设工程项目进行的计划、组织、指挥、协调和控制等专业化活动，简称为项目管理"。

建设工程项目管理的内涵是：从项目开始至项目完成，通过项目策划（Project Planning）和项目控制（Project Control），使项目的费用目标、进度目标和质量目标得以实现。该段文字的有关字段含义如下：

①"自项目开始至项目完成"指的是项目的实施阶段；

②"项目策划"指的是目标控制前的一系列筹划和准备工作；

③"费用目标"对业主而言是投资目标，对施工方而言是成本目标。

二、项目管理的目标和任务

项目管理的核心任务是项目的目标控制，因此按项目管理学的基本理论，没有明确目标的建设工程不是项目管理的对象；在工程实践意义上，如果一个建设项目没有明确的投资目标、明确的进度目标和明确的质量目标，就没有必要进行管理，也无法进行定量的目标控制。

一个建设工程项目往往由许多参与单位承担不同的建设任务和管理任务（如勘察、土建设计、工艺设计、工程施工、设备安装、工程监理、建设物资供应、业主方管理、政府主管部门的管理和监督等），各参与单位的工作性质、工作任务和利益不尽相同，因此就形成了代表不同利益方的项目管理。由于业主方是建设工程项目实施过程（生产过程）的总集成者——人力资源、物质资源和知识的集成，也是建设工程项目生产过程的总组织者，因此对于一个建设工程项目而言，业主方的项目管理往往是该项目的项目管理核心。

按建设工程项目不同参与方的工作性质和组织特征划分，项目管理有如下几种类型：

① 业主方的项目管理（如投资方和开发方的项目管理，或由工程管理咨询公司提供的代表业主利益的项目管理服务）；

② 设计方的项目管理；

③ 施工方的项目管理（施工总承包方、施工总承包管理方和分包方的项目管理）；

④ 建设物资供货方的项目管理（材料和设备供应方的项目管理）；

⑤ 建设项目总承包（建设项目工程总承包）方的项目管理［如设计和施工任务综合的承包，或设计、采购和施工任务综合的承包（简称 EPC 承包）的项目管理］等。

1. 施工方项目管理的目标

由于施工方是受业主方的委托承担工程建设任务，施工方必须树立服务观念，为项目建设服务，为业主提供建设服务；另外，合同也规定了施工方的任务和义务，因此施工方作为项目建设的一个重要参与方，其项目管理不仅应服务于施工方本身的利益，也必须服务于项目的整体利益。

施工方项目管理的目标应符合合同的要求，它包括：

① 施工的安全目标；

② 施工的成本目标；

③ 施工的进度目标；

④ 施工的质量目标。

2. 施工方项目管理的任务

施工方项目管理的任务包括：

① 施工安全管理；

② 施工成本控制；

③ 施工进度控制；

④ 施工质量控制；

⑤ 施工合同管理；

⑥ 施工信息管理；

⑦ 与施工有关的组织和协调等。

第二节　电梯工程的项目管理内容

电梯的项目管理，指业主项目管理人员、工程总包项目管理人员或工程监理人员对电梯施工过程的计划、进度、质量的管理。这些人员统称为项目管理人员。

电梯项目的管理内容包括电梯施工前的准备、井道机房的检查和确认、设备开箱检查、搭拆脚手架、设备的安装与调试验收、当地政府部门的检验、移交、维修保养等过程。

一、电梯工程项目管理的过程

电梯工程项目管理的全过程大致分为三个子过程，即辅助过程、施工过程和使用过程。

（一）辅助过程的项目管理

这一过程主要包括编制既满足客户要求，又符合实际投标项目工程的合同文件。

当电梯工程公司接到客户招标书后，业务经营部门应立即与客户和电梯供应商进行沟通，明确招标书中提出的各项要求，组织本单位相关部门对标书进行综合评审。在确保有能力实现客户要求之后，负责编制投标书。投标书的内容应包括：

① 投标范围；

② 承接方式；

③ 工程造价；

④ 工期时间；

⑤ 质量要求；

⑥ 验收标准（或技术标准）；

⑦ 客户其他方面的需求。

一旦中标，经营部门应根据招标书的要求和评审意见，以及与客户、供应商沟通的结果，编制投标项目的工程合同文件。该合同的内容可包括但不限于以下内容：

① 电梯的技术规格、功能配置等；

② 产品（工程）价格；

③ 付款方式、付款期限；

④ 交货期限、交货地点；

⑤ 可接受的工期要求；

⑥ 质量要求及工程验收标准；

⑦ 双方实施责任；

⑧ 有关合同的配合要求。

在这一过程中，项目管理的要点是采购的电梯设备必须符合客户要求，所报出的投标书、合同内容必须具有合法性、可行性和完整性。

（二）施工过程的项目管理

施工过程的项目管理就是把设计图纸、采购的货物、配件、设备或设施等变成满足客户需求的工程实体。这一过程的管理是电梯工程中的重中之重，处于核心环节的位置。

项目管理的内容包括开工准备、施工操作和竣工验收三个阶段。

1. 开工准备阶段的管理内容

施工准备阶段的管理是为工程有一个好的开端创造条件。其主要内容有：

① 土建勘察，井道验收；

② 编制《施工组织方案》；

③ 进行施工前的质量安全、文明施工、环境保护等方面的教育；

④ 确保施工设备、仪表、器具处于正常工作状态和精度要求；

⑤ 报政府管理部门备案。

2. 施工操作阶段的管理内容

施工操作阶段是电梯工程管理和控制的主要阶段。其主要内容有：

① 实现安全、文明、有序施工；

② 对施工所用的货物、构配件、辅助材料等进行有效防护；

③ 进行施工质量的检查和控制；

④ 及时进行质量分析和评定；

⑤ 产品防护。

3. 竣工验收阶段的管理内容

竣工验收阶段是施工工程活动的最后冲刺阶段。其主要内容有：

① 收集整理竣工资料；

② 工程质量自检、验收；

③ 运转调试；

④ 工程报检，配合检测；

⑤ 办理移交维保资料。

（三）使用过程的项目管理

工程项目管理工作必须从施工过程延伸到一定期限的使用过程。在这个过程中管理的内容有：

① 开展技术服务工作，要使用户单位或顾客了解工程的使用和维修技术；

② 工程交付使用后，公司应对用户进行回访工作，收集用户对工程质量的意见，发现问题及时补救。

综上所述，电梯工程项目管理的过程如图 1-2 所示。

二、电梯工程公司一体化项目管理模式

项目管理，是电梯工程公司贯彻 ISO 9001:2015《质量管理体系　要求》、ISO 14001:2015《环境管理体系规范和使用指南》及 GB/T 28001—2011《职业健康安全管理体系　要求》（现被 GB/T 45001—2020 所代替）三个标准而实施的一体化综合管理，对于国内电梯企业，还要贯彻 TSG Z0004—2007《特种设备制造、安装、改造、维修质量保证体系基本要求》（现被 TSG 07—2019 附件 M 所代替）。电梯安装、调试、维保工程也是一种产品，而且是一种综合性的加工产品，因此，电梯工程公司为了搞好质量管理，提高工程质量，满足顾客要求，应该按照三个标准的要求，制定出全面实施公司质量、环境和职业健康安全的

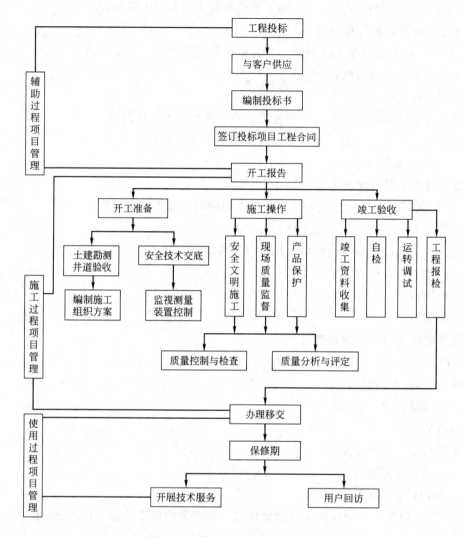

图 1-2 电梯工程项目管理的过程

管理体系，提出公司三位一体的综合管理方针和管理目标。其模式如图 1-3 所示。

三、电梯工程项目管理质量方针

以客户为中心，满足用户的需求，是电梯企业生存和确保可持续发展的基础。为给电梯用户营造一个和谐的生活空间，电梯工程项目管理应坚持以下原则。

① 在产品的销售、设计、生产、安装和维修服务等整个产品生命周期的各个阶段，始终坚持"用户的需要，就是企业的追求"的质量宗旨。

② 严格遵守国家和各级政府部门法律、法规的有关要求。采取不同的措施，对产品质量、过程及体系上的不足之处予以持续改进，尽最大的努力满足用户的需求，并着力于研究超越用户期望的工作。

③ 实施质量管理体系，通过阶段性的质量管理体系审核和不断的质量行为评价，实施可持续发展的要求。

④ 每年制定包括质量方针目标在内的企业方针目标，定期进行验证，并在企业管理评

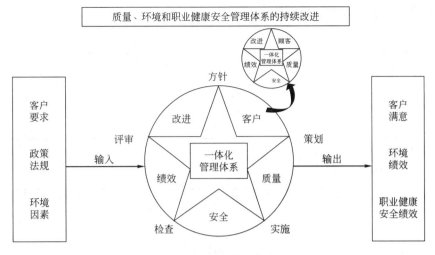

图 1-3　项目管理模式

审会上加以评审。管理评审还应对质量方针的适用性进行评审，以适应企业发展的需要。

⑤ 除使企业员工理解和实施质量方针外，企业还要努力促进与用户共同深化质量方针的内涵。

第三节　电梯工程项目档案及其跟踪管理

电梯工程项目档案管理内容包括：电梯工程项目的签订，电梯施工前的准备，井道机房的检查和确认，设备开箱检查与验收，安装与调试过程质检，当地政府部门的报备和检验，用户设备和资料移交，后续维修保养过程的相关记录和验收资料。

一、工程项目档案管理

(一) 接受工程项目合同

企业销售部签订安装或维保合同后，送档案室存档备案。工程部因工作需要，可借用安装或维保合同阅看，或持有合同复印件。

(二) 建立工程项目档案

根据安装或维保合同的内容，牵涉到技术方面的内容或技术问题或特殊条款，及由此发生的费用支出的预算及安排，经工程部经理审批后，建立该项目的工程档案。

1. 工程项目概况

项目名称：＿＿＿＿＿＿＿＿＿＿＿＿

项目地址：＿＿＿＿＿＿＿＿＿＿＿＿

邮编：＿＿＿＿＿＿＿＿＿＿＿＿

用户联系电话：＿＿＿＿＿＿＿＿＿＿＿＿

传真：＿＿＿＿＿＿＿＿＿＿＿＿

销售合同号：＿＿＿＿＿＿＿＿＿＿＿＿

安装合同号：＿＿＿＿＿＿＿＿＿＿＿＿

产品合格证号：＿＿＿＿＿＿＿＿＿＿＿＿

土建图号：＿＿＿＿＿＿＿＿＿＿＿＿

维修保养合同号：＿＿＿＿＿＿＿＿＿＿＿＿

2. 产品规格安装及维修参照标准

（1）电梯产品规格

合同编号	梯号	电梯型号	数量/台	层/站/门	载重量/kg	速度/（m/s）

（2）扶梯产品规格

合同编号	梯号	扶梯型号	数量/台	提升高度	倾斜角度	速度/（m/s）

（3）参照实施标准

① 电梯制造与安装安全规范（GB 7588—2003）

② 电梯技术条件（GB/T 10058—2009）

③ 电梯试验方法（GB/T 10059—2009）

④ 电梯安装验收规范（GB 10060—2011）

⑤ 电梯、自动扶梯、自动人行道术语（GB/T 7024—2008）

⑥ 电梯主参数及轿厢、井道、机房的型式与尺寸（GB/T 7025.1～7025.2—2008，7025.3—1997）

⑦ 自动扶梯和自动人行道的制造与安装安全规范（GB 16899—2011）

⑧ 液压电梯制造与安装安全规范（GB 21240—2007）

⑨ 杂物电梯制造与安装安全规范（GB 25194—2010）

⑩ 特种设备制造、安装、改造、维修质量保证体系基本要求（TSG Z0004—2007）

⑪ 建筑电梯工程施工质量验收规范（GB 50310—2016）

⑫ 电梯、自动扶梯和自动人行道维修规范（GB/T 18775—2009）

（三）工程项目任务下达

① 企业通过任务下达书形式，将施工任务下达到工程部。

② 工程部经理接受任务下达书后，根据实际情况，开具电梯/扶梯安装或维修派工单。

（四）编制工程项目计划

在安装或维修任务下达后，根据合同平衡施工能力，着手编制工程计划。

① 项目经理根据实际情况制订施工计划。

② 根据工地反馈的信息，对工程施工计划进行相应调整，并将调整后的信息传递相关部门负责人。

（五）施工前准备工作

① 派工任务下达后，项目经理立即组织实施现场土建勘查，逐项填写勘查记录，并将结果通报上级。对现场勘查结果不符合施工条件，立即书面通知业主整改，并准备再次勘查，同时通知计划人员调整施工计划。

② 质检组应完成当地政府部门规定的施工申报手续，确保工程项目施工。

③ 配置配合施工的队伍，保证工程顺利进行和保证质量。

④ 安装主管必须与班长及项目经理一起研究合同，讨论施工方案，设想可能遇到的问题及解决办法，做到施工前充分准备。

⑤ 资料员根据合同准备施工资料。

⑥ 班长凭派工单领取施工资料清单及必备的工具和相关施工辅助材料。

⑦ 资料员必须妥善保管所有施工文件和资料，准备工程结束后归档。

（六）资料与相关文件归档要求

① 签订的电梯安装或维修合同复印件定期移交至安装部，由档案管理员归档、保存。

② 企业与客户签订的电梯保养合同及电梯修理合同，分别由维保部在合同评审后交档案管理员归档、保存。

③ 企业签订的各类安全协议由管理部在协议签订时保存，年底统一交档案管理员归档、保存。

④ 电梯故障急修统计报告平时由维保部收集，年底统一交档案管理员归档、保存。

⑤ 企业部门经理参加会议的会议记录，客户投诉处理的书面资料，平时由安装部、维保部保存，年底统一交档案管理员归档、保存。

⑥ 电梯程序软件资料由技术人员进行电子归档，并在档案室备案。

二、工程项目跟踪管理

工程项目跟踪管理主要目的是通过电梯企业项目的实施跟踪，及时了解项目的状态信息和变化情况。一方面及时监控并了解影响项目中各因素的变化情况；另一方面及时对项目相关因素等变化情况进行审查和项目变更控制。

（一）调查用户情况

企业施工前期，根据企业制订的安装计划、产品安装合同副本和产品设计图纸，于项目施工预约期前一个月向用户调查项目土建情况，何时具备进场条件，并与用户落实表1-1电梯安装工程联系单中的事项，并向用户确认表1-2告用户书，便于今后施工过程中与用户的联系。

表 1-1　电梯安装施工联系单

用户名称		项目名称	
甲方需整改项目			

用户 名称		项目 名称	
整 改 期 限	甲方须在____年____月____日前按上述要求，完成以上整改项目，以确保电梯安装的前期工作正常进行，如井道搭脚手架（搭棚）、放样，以及电梯的起吊和安装。如由于甲方不能按时整改完毕，电梯安装的相关工作和电梯安装期限将顺延		
甲 方 需 配 合 项 目			
其 他 事 项			

（注：电梯安装施工联系单一式叁份，电梯安装单位、甲方和监理各执壹份。）

电梯安装单位：_____　甲方单位（或监理公司）：_____

施工联系人：_____　手　机：_____

签收人：_____　手　机：_____

年　月　日

表 1-2　告用户书

尊敬的_____用户：

首先感谢您选用了_____电梯。为了真正实现"用户的需要就是我们的追求"的服务宗旨，我们将持续不断地努力创新和求索！

为了使在今后的电梯安装、维保、售后服务过程中能给您提供更快捷、良好、高效的服务，也使我们在电梯安装过程的前期跟踪、现场勘测、工程进度控制、工程质量、安全生产、维保同期跟进等工作方面能得到贵公司的大力支持，我们真诚地希望与您保持紧密的联系沟通，也诚意接受您的监督和指导，希望能够得到您的大力支持和配合！

现场施工班组长：_____　联系电话：_____

工程项目经理：_____　联系电话：_____

企业工程监督经理：_____　联系电话：_____

维保部业务员：_____　联系电话：_____

维保部经理：_____　联系电话：_____

年　月　日

（二）落实用户方安装条件

根据调查用户情况，企业按约定日期由安装队长派员工前往施工工地落实安装施工条件，并按要求填写表1-3电梯安装准备报告表，报给企业安装管理人员。

表1-3 电梯安装准备报告表

填表说明	本表由安装单位所派人员在向用户/施工工地落实施工条件后填写,填后交回企业存档

产品合同号：＿＿＿＿＿＿＿＿＿＿＿＿＿ 安装合同号：＿＿＿＿＿＿＿＿＿＿

工地名称：＿＿＿＿＿＿＿＿＿＿＿＿＿＿＿＿＿＿＿＿＿＿＿＿＿＿＿

工地地址：＿＿＿＿＿＿＿＿＿＿＿＿＿＿＿＿＿＿＿＿＿＿＿＿＿＿＿

邮　编：＿＿＿＿＿＿＿＿ 电话：＿＿＿＿＿＿＿ 联系人：＿＿＿＿＿＿＿

经现场察看：

1. 井道符合电梯安装土建标准。

□符合　　　　□不符合

2. 勘查井道：是否满足电梯安装的安全、消防及土建等标准。

□符合　　　　□不符合

3. 施工场地：是否已具备电梯及安装所需物资的堆放、保管及施工周转场地。

□符合　　　　□不符合

4. 合同规定的由用户提供的物资和施工条件是否已经准备齐全。

□符合　　　　□不符合

5. 应付的安装预定金及电梯货款是否已经按合同执行。

□符合　　　　□不符合

6. 施工队伍的住宿等生活问题是否能得到落实。

□符合　　　　□不符合

7. 其他：

年　月　日

（三）落实安装班组自身安装条件

在落实用户方安装施工条件的同时，必须落实自身安装条件：

① 该项目安装人员包括该项目质量负责人，及持特种作业人员电梯安装维修操作证的人员；

② 安装设备及工量具（计量器具必须经检定并在有效期内）；

③ 了解该项目的货款及安装预定金收取情况。

（四）安装施工前准备

1. 签发施工工作任务单

企业收到安装施工队长提交的"电梯安装准备报告表"之后，经落实符合施工条件的，向安装班组开出施工工作任务单。

2. 承包协议及安全责任书

企业与安装队签订工程项目委托安装合同、安全责任协议书等，安装队领取安装资料和委托书。

3. 政府部门工程开工许可办理

按照特种设备管理规定，施工项目开工前，需到当地技术监督局办理开工许可，在办妥政府部门工程开工许可后，才能进场施工。

（五）维修项目跟踪要求

综上所述，提出相关安装过程中项目跟踪要求及规定，则在维修项目跟踪过程中参照上述相关内容与规定实施。

思　考　题

1-1　简述项目管理的定义。

1-2　简述施工方项目管理的任务。

1-3　电梯项目管理的内容是什么？

1-4　电梯施工过程项目管理的主要内容是什么？

1-5　简述项目前期工程档案内容。

第二章　电梯项目安装施工组织和管理程序

第一节　安装计划管理

根据用户单位的工程进度及到货日期，制定项目的安装计划。

1. 月度安装计划核对依据

① 合同规定于本季度进场安装的安装合同。

② 用户单位的工程进度情况。

③ 上期结转安装合同。

2. 月度安装作业计划

① 企业编制月度电梯安装计划，并下达至直属安装队。

② 月度安装作业计划编制依据：

a. 月度安装计划中本月须进场的安装工程；

b. 上月已开工，本月未完工的安装工程；

c. 上月计划内未进场的安装工程。

③ 企业每月月初将编制的"月度安装计划表"经安装部经理审核，企业总经理批准。

第二节　项目组织管理和安装技术交底

一、组建安装队伍和安装技术交底

1. 安装队伍的组建

电梯安装应由持有相关部门核发的电梯安装许可证的单位承担，安装人员须经相关部门培训、考核、持证上岗。安装人员的多少和技术力量的配备，视所安装电梯的状况而定，一般 4～6 人同期安装 1～2 台电梯。参加人员中必须有 1～2 名中级以上电梯技工，负责主持安装、调度工作，还须有 1 名熟练的机械安装钳工或电工，负责安全工作，有时还要配备一定数量的有独立作业能力的起重工、焊工、瓦木工等。

2. 安装技术交底

在工程开工之前，应由项目经理或公司工程管理部负责人对参与工程施工的所有人员进行施工项目的安全教育和技术交底。

① 要求施工人员对工地现场和一切施工用的设备、装置进行一次安全检查，消除存在的不安全状况。

② 教育安装人员遵守安全法规和安全操作规程，严格遵守劳动纪律。

③ 检查落实在施工过程中必须采取的切实有效的安全技术措施，正确使用个人防护用具。

④ 交待施工过程中的关键工序、质量控制点等安装技术要求。

⑤ 做好工程现场的各类记录。

安装工程技术交底记录表如表 2-1 所示。

表 2-1　安装工程技术交底记录表

工 程 名 称			施工地点		
甲方联系人		电　话		交底人	
技术交底内容： 1. 安装工艺特点 2. 安装技术标准 3. 本工程特点					
施工人员签名：					

姓名	性别	年龄	工种或职务	特种作业 操作证号	教育日期	受教育者签名

二、工具及劳动防护用品的准备

电梯安装应选择合适的工具，所配备的工具在开工前需做一次全面严格的检查，已经失效和损坏的工具应进行更换或维修。所有工具应妥善保管，经常保养清点，以免失效、丢失。电梯安装调试需配备的专用工具和检测设备如表 2-2 和表 2-3 所示。

表 2-2　安装调试专用工具清单

序号	专用工具名称	型号规格	数量	完好状况
1	电锤	ZIC-NH-22	3 把	良好
2	手电钻	JIA-SD05-BA	4 把	良好
3	液压千斤顶	8t	1 个	良好
4	手拉葫芦	3t	2 个	良好

序号	专用工具名称	型号规格	数量	完好状况
5	手拉葫芦	5t	3个	良好
6	电焊机	300A	1台	良好
7	电焊机	BX1-160-3	2台	良好
8	角向磨光机	SIM-MHz-100B	5台	良好
9	卷扬机	0.5t	1台	良好
10	手拉葫芦	1.5t	1对	良好
11	磨盘机（手动）		1套	良好
12	开线剪	900mm	1把	良好
13	手拉葫芦	2t	3台	良好
14	三爪拉马	200mm	1个	良好
15	三爪拉马	300mm	2个	良好
16	内六角扳手7件套		1套	良好
17	砂轮机		1台	良好
18	内六角扳手5件套		1套	良好
19	套筒扳手32件		1盒	良好

表2-3　检测设备清单

序号	设备名称	型号规格	数量	完好状况
1	数字温度计	TES1310型	4	良好
2	电子计数式转速表	DT-2235A	4	良好
3	数字钳表	266	4	良好
4	声级计	AWA5633D	4	良好
5	数字多用表	UT90A	4	良好
6	数字兆欧表	GM-10	4	良好
7	照度计	TES1330A	4	良好
8	管形测力计	KL-30型	4	良好
9	水平尺	BX2-S60	4	良好
10	游标卡尺	0～200mm/0.02mm	4	良好
11	钢卷尺	3.6m	4	良好
12	钢直尺	150mm	4	良好
13	钢直尺	300mm	4	良好
14	塞尺	0.02～1.00mm（共17片）	4	良好
15	数字式绝缘电阻表	M-52	4	良好
16	振动仪	AS1202	1	良好
17	曲线仪	3108	1	良好

三、电梯技术资料的收集

电梯安装人员应收集、熟知我国电梯安装及验收标准、地方法规、生产厂家标准和电梯安装维护、操作的有关规定，并给予严格执行。请建设单位提供电梯的井道、机房土建、电梯平面布置等图样和机房供电系统等有关资料，以及电梯安装调试使用维护说明书、电梯电气控制原理图，电梯安装图册装箱清单等一切必须有的资料。电梯安装人员还应熟知这些技术资料和图样，详细了解电梯的类型、结构、控制方式、安装技术要求，进行充分的准备工作，保证质量，按时完成任务。

第三节　安装现场施工

一、电梯安装工艺流程

电梯安装工艺流程按图 2-1 所示进行。

二、安装现场的检查与确认

安装现场的检查包括井道与机房的检查、运输通道的检查、吊装方案设计、货物堆放场地检查等，一般应在设备发运前进行，发现问题可及时处理。

安装现场的确认包括井道与机房的复检，施工条件检查，落实工具房等内容，一般可在安装进场前 1～2 周进行。安装施工班组进入施工现场后，首先要组织复查井道，并填制"电梯井道测量记录表"。经复查检测，若符合要求，则组织人员进行电梯开箱清点；若不符合施工条件，一方面通知用户进行整改，另一方面报告企业安装管理人员。

检查工作应由项目管理人员和电梯安装单位共同进行。

（一）电梯井道和机房的检查

主要检查井道和机房是否符合井道、机房布置图的要求，同时还应检查运输通道和货物堆放场地。检查由安装单位负责操作，事先应准备好记录表，将检查结果写入记录表中，同时对需要做整改的内容也加以记录，双方签认。

电梯井道和机房的检查主要是检查井道的尺寸、底坑深度和顶层高度、门洞的宽度和高度、机房的尺寸和开孔、机房的配电等。

1. 井道的尺寸

指井道的宽和深应符合要求。井道壁应是垂直的，尺寸只允许正偏差，其尺寸指用铅垂法测得的最小水平净空尺寸，允许偏差一般为不大于 50mm。

2. 底坑深度和顶层高度

底坑深度和顶层高度关系到电梯的使用安全，与电梯的速度有关。GB/T 7025.1—2008《电梯主参数及轿厢、井道、机房的型式与尺寸》对各类电梯的底坑深度和顶层高度做了规定。各厂家的电梯由于结构不同，对底坑深度和顶层高度往往有不同的要求，但一般不应小于 GB/T 7025.1—2008 的规定。底坑深度和顶层高度只允许正偏差。

3. 机房

包括机房的尺寸、高度，各种预留孔洞的位置和尺寸，以及吊钩等是否符合要求。机房还应有良好的通风条件，一般应使机房温度不超过 40℃。

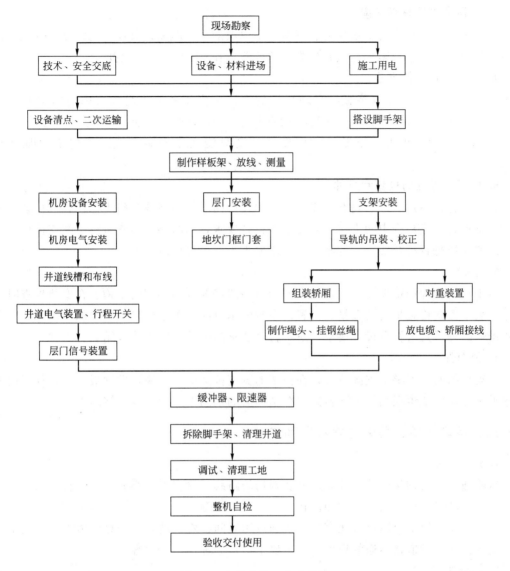

图 2-1 电梯安装工艺流程图

4. 机房配电

业主方应将供电电源引入机房，并安装有开关箱。

（二）自动扶梯的井道

自动扶梯井道的主要尺寸有提升高度、井道宽度及井道的水平投影长度、上下基坑的深度和长度、中间支撑柱位置和尺寸等，还有吊钩和预埋件。

1. 提升高度

提升高度是自动扶梯安装的主要尺寸。井道提升高度的偏差范围一般要求在－15～＋15mm 之间。

2. 井道的宽度

井道的宽度直接影响到自动扶梯能否安装。一般要求井道在整个水平投影范围内都应比自动扶梯的桁架至少宽 50mm，一般为 50～100mm。

17

3. 井道的水平投影长度

水平投影长度是指自动扶梯上、下两个支撑点的水平距离，其误差将改变支撑点（即受力点）的位置。水平投影长度只允许为正的偏差，在 $0 \sim +15\text{mm}$ 之间。

4. 上、下基坑的尺寸

上、下基坑的尺寸也将影响自动扶梯的安装。由于各厂家自动扶梯的结构形式及机房里部件的布置不同，对上、下基坑的深度和长度要求也不同，但为了保证有足够的安装空间，一般要求上、下基坑的深度和长度只能大于安装布置图的规定，即只允许正偏差。

5. 中间支撑柱的位置和尺寸

自动扶梯在超过一定的提升高度之后，须在中间增加一组或几组支撑柱，以保证扶梯桁架的承重能力。应检查中间支撑的高度是否符合要求，同时还应检查每组中间支撑柱两支撑点之间的距离是否符合要求，若不合格则应要求土建单位修改。

6. 吊钩

由于自动扶梯的桁架比较重且大，安装时一般需要利用预埋的吊钩。在安装检查时，应根据安装布置图检查吊钩的数量、位置。吊钩的承重能力关系到自动扶梯的安装安全，还应检查吊钩的外形是否符合设计要求。对不符合要求的吊钩一定不能采用。

7. 预埋件

自动扶梯的上下梯头支撑位置，在桁架的宽度范围应有一块预埋钢板。检查预埋钢板是否水平，还应保证预埋钢板牢固地固定在结构层的钢筋上，使其有足够的支撑力。

三、运输通道、吊装方案和货物堆放

1. 运输通道

运输通道指货物从建筑物外运入安装现场的路线。检查时应充分考虑包装箱的尺寸，包括长、宽、高和重量，以及货物如何转弯、如何起吊等。

检查时还应提出使用运输通道的日期和占用时间，将其纳入工程总的施工设计之中，避免出现货到现场时道路不通的现象。这也属于项目管理的一个内容。

2. 吊装方案

吊装方案设计的内容包括将货物运入安装现场的路线、方法、使用设备等，应根据运输通道的实际情况合理地加以设计。吊装方案关系到安全，应由有起重运输资质的单位完成，经安装单位确认后报由项目管理人员认可。

3. 货物堆放场地

货到工地后需要有堆放场地，除有足够面积外，还应考虑防雨水、防盗等，同时考虑施工时的方便，为货到工地和安装做准备。开箱后的零部件要合理放置和保管，避免压坏或使楼板的局部承受过大载荷。根据部件的安装位置和安装作业的要求就近堆放，避免部件的重复搬运，以便安装工作的顺利进行。

电梯的包装一般不防水，特别是电器件的包装箱，尤应注意防水保护，应放在室内。

四、设备的安装与调试

电梯的安装工作实质上是电梯的总装配，而且这种总装配工作在远离制造厂的安装现场进行，这就使电梯安装工作比一般机电设备的安装工作更重要、更复杂。因此，要求电梯安装的队伍和人员必须是专业的，并掌握电梯的技术理论和实践经验。

电梯完成现场开箱检查和安装现场确认后，即可进入设备的安装阶段。

(一) 开箱检查

设备的开箱检查一般在安装现场进行，目的是检查所到设备的部件是否完好、齐全，整机和主要部件的型号、规格、产地是否符合合同规定。

开箱检查工作一般由业主、生产厂家、安装单位人员参加。部件的清点和开箱后的保管由安装单位负责。开箱检查属安装过程的质量控制。一般程序和内容如下。

1. 发运通知 (发货) 单与装箱单的核对

开箱前应首先核对发运通知单 (表 2-4) 和装箱单 (表 2-5) 是否相符。发运通知由供货商在货物发运前向业主发出，内容包括电梯的合同号、名称、型号、规格、台数、箱数和箱的编号、名称等。装箱单一般随箱发运，详细记录每个包装箱内的零部件型号、规格、数量。开箱前，首先按发运通知核对所到货物的合同号、名称、型号、规格、台数、箱数和箱的编号、名称等是否与发运通知一致。如不符不应开箱。

表 2-4 发运通知单

卖方：		制单日期： 年 月 日				装运通知编号：					
合同编号		预定启运日期			本批次到货合计	箱数	到货金额	总毛重	总净量	总体积/m³	其他说明
合同名称		预定到货日期									
装运批次	第 批	运输工具/启运地点									
箱号	工点	货物编号	货物名称	型号规格	单位	数量	单价	合计金额	总金额	毛重	净重	箱体尺寸 长 宽 高	包装方式	仓储特殊要求

表 2-5 装箱单

装箱单	编号		生产月份		顶层高		底坑高	
	合同号		净开门				层站	
卖方单位名称	单位名称							
	产品型号						提升高度	
箱号		箱名		箱数			第 页	共 页
序号	图号	部件名称	规格	单位	数量	附注	装箱检验	
编制		校对		装箱		检验	
日期		日期		日期		日期	

2. 箱子外观质量检查

检查箱子外观质量有无破损。若发现破损，即与用户代表一起分析原因，同时将破损的箱子号登记在"电梯开箱检查情况记录表"（在"电梯安装过程质量检测记录表"内）上，确保产品各部件的型号与电梯规格配套一致（不混用）。

3. 开箱检查

箱子外观质量检查完毕后，即逐一开箱，并按电梯装箱明细表逐一清点，发现缺损或差错件，即分析原因并记录在"电梯开箱检查情况记录表"。

4. 清点记录

开箱清点完毕后，依据装箱清单及清点记录，填写"电梯型号规格及主要参数"（在"电梯安装过程质量检测记录表"内），并与产品销售合同核对。如发现差错，即重新与实物进行复点，确认差错后，填入"电梯开箱检查情况记录表"。

5. 复核

根据开箱过程中填写的缺损、差错件记录，由施工队长、企业检验员重新复核，经确认后签字，同时检查产品出厂合格证，并要求用户签字认可后盖用户章。

6. 开箱后处置

（1）合格件处置

开箱清点的同时，经核对确认的零部件，由施工队组织起吊分层，按用途分别搬至机房及各楼面层次。对易丢失的零部件，则搬入工地库房妥善保管。

（2）供方责任缺件、差错件处置

经核对确认属于供方责任的缺件、差错件，由施工队长填制"供货缺件差借件补发/更换申请单"，连同装箱清单在一周内返回企业，盖企业公章后，反馈至企业售后服务部业务管理员。

（3）用户方责任缺件、损坏处置

经施工队长、企业检验员会同用户方确认的属于用户方责任引起的缺件、损坏件，配合用户方处理解决。

（二）施工

1. 编制施工组织方案和施工进度计划

由施工队长在项目开工之前，编制施工组织方案及施工进度计划，并按此组织实施。若是重大工程项目，还需编制专项施工方案组织实施。具体施工方案编制、评审、确认的要求和流程见第四章项目施工组织设计。

2. 进行技术交底及安全生产教育

由施工队长召集，根据安装工艺、安装技术标准和安装安全规范，对所有施工队员进行技术交底，并填写"安装工程技术交底记录表"。由安全负责人对施工队员进行安全教育，填写"施工人员安全教育卡"，见表2-6。

3. 安装辅助材料控制

辅助材料的采购，应按技术要求选用合格产品，在保质期内使用。保留合格证，待完工之后存档。

表 2-6　施工人员安全教育卡

填表说明:							
此表由施工单位安全负责人填写,一式两联,一联留存,另一联送分企业安全员。							

工程名称			施工地点				
承包单位名称			地址、电话				
发包部门			联系人		进场日期		
发包部门教育人			承包单位教育人				

安全教育内容:
　　1. 工程项目内容、特点;
　　2. 施工现场环境状况、危险因素、危险区域;
　　3. 本单位安全生产规章制度、标准和建筑工程法规;
　　4. 特种作业和危险作业安全基本知识;
　　5. 常见事故剖析、事故处理和希望要求。

施工人员名单:

姓名	性别	年龄	工种或职务	特种作业操作证号	教育日期	受教育者签字

4. 做好安装过程记录

在安装施工过程中,由安装人员根据安装施工顺序及要求,按规定真实地填写"电梯安装过程质量检测记录表"。

5. 请求技术支援

凡施工过程碰到技术难题,经努力无法解决的,即报告企业安装部,请求技术支援。

企业安装部在接到施工队伍请求技术支援的报告后,在无法解决的情况下必须向企业请求技术支援。

6. 自检

电梯安装过程中应组织自检。

① 电梯安装自检由项目施工队长(项目质量负责人)组织进行。

② 电梯安装自检,根据电梯安装工序,每做完一道工序,都要严格按安装验收规范,即"电梯安装验收报告"中的各个项目要求逐项检查,认真填写。如报告中要求是量化的,必须填写量值,不得定性填写。填写数值必须真实、清晰。

③ 自检过程中发现不合格项目,即组织施工人员进行整改,直至合格。否则不允许进行下一道工序。

7. 安装调试

① 电梯安装完成并且自检每项都合格后,填写"电梯安装报调单",报企业工程部,请求安装调试。

② 电梯安装调试由企业归口负责。

③ 调试人员进场后,首先检查"安装验收报告"自检项目是否按规定逐项填写齐全,并符合标准。若符合要求,则进入现场调试。若有不符合要求项目,要求施工队进行整改,经整改确认符合要求后,才进行调试。

④ 电梯安装调试人员将调试结果填写在"电梯安装调试记录"中。

⑤ 若有不符合标准的项目,经努力仍不能解决的,应请求技术支援。

8. 互检

① 电梯安装互检由互检人员在该项目安装质量负责人参与下进行。

② 在安装现场进行互检之前,质量负责人应首先检查"电梯安装验收报告"内自检栏及"电梯安装调试记录"填写是否符合要求。若有不符合要求项,进行整改到符合要求为止;若符合要求,则进行互检。

③ 互检必须按照"电梯安装验收报告"要求逐项检查并认真填写。

④ 互检完成若符合要求,则由施工队长根据互检人员填写的"电梯安装返工通知单"报企业安装部,要求厂家进行验收。安装部将要验收的电梯填写产品安装报验(任务)单,报企业工程部和安装部,由验收组进行验收。

(三)安装验收

电梯安装验收按电梯安装质量验收管理程序执行。

第四节 施工现场零部件管理

一、内容与要求

施工现场安装用零部件根据企业电梯安装管理规范,规定了施工现场安装辅料、电梯零部件的现场搬运、储存、包装、防护和交付整个过程的基本要求,适用于施工现场安装辅料、电梯零部件搬运、储存、包装、防护和交付管理工作。

二、目的和原则

为了维护已经在现场的电梯零部件、安装辅料等材料的质量,对其在搬运、储存、包装、防护和交付诸环节采取有效的控制,防止造成损坏,确保电梯的安装质量。

三、工作规定

(一)搬运

① 对开箱后的电梯零部件的搬运,现场安装作业人员应仔细、谨慎小心,防止在搬运过程中因人为因素造成外观破损、划伤等损坏。

② 在搬运过程中应根据装箱清单上的记录核对箱号,并对各零部件上的检验合格证等标识进行保护,防止丢落或清除。

③ 对一些如主机、控制柜等重要零部件的搬运,则需由专业起重单位承担,其起重人员需经技术和安全培训,经国家主管部门考试合格后方可上岗。

④ 搬运过程中采用的设备须完好,确保在搬运过程中零部件完好无损。

(二)储存

储存条件和储存环境要求如下。

① 用户应根据安装现场的实际情况，向现场安装人员提供储存零部件的仓库。对存放重要零部件的仓库，能上锁关闭，防止丢失。

② 根据电梯设备的特点要求，储存仓库分三类。

a. 在首层靠近电梯施工井道的现场作为储存仓库，储存如对重铁、对重架、导轨等安装在井道底部的零部件或不便于搬运的零部件。环境要求：地面干燥，堆放区域界限明确。

b. 电梯机房作为储存仓库，储存如电梯主机、控制屏等安装在电梯机房内的零部件。环境要求：防漏，门、窗能上锁并符合营业设计图的要求。

c. 用户提供的室内仓库，用以储存除以上两点外的所有电梯零部件及安装辅料和安装设备及工具。要求仓库内干燥、明亮，零部件堆放整齐。

③ 储存品的验收和堆放要求。现场安装负责人在搬运结束后应对入库的零部件进行清点、验收，验收内容为核对实物与装箱清点记录是否一致，安装现场负责人应对所有零部件情况做全面了解，确保电梯的正常安装。检查搬运过程中是否造成零部件的质量损坏，如有发现应及时通知用户并向公司工程部报告。入库的零部件应摆放整齐，同一种零部件摆放在一起，摆放应便于清点和搬运。需做防锈处理的零部件必须上油，易碎的零部件应隔离摆放。

④ 储存品定期整理：

a. 根据电梯的安装进度，安装现场负责人或指定人应每周对储存品进行整理和检查；

b. 发现零部件有锈蚀等质量问题，应立即向企业工程部汇报。

（三）包装

对有包装要求的零部件，在搬运及储存过程中应确保包装完整，以保证零部件质量。

（四）防护

① 从开箱清点确认直至电梯安装完成并经终端验收合格，专职检验员开出"电梯安装合格证明书"，最终交付用户，整个过程的防护由现场安装负责人负责实施。但需用户协助管理，并提供必要的防护措施。

② 电梯机房的门、窗应上锁，并在门上张贴"机房重地，闲人莫入"的警告牌。机房内应配置灭火器等消防器材。

③ 电梯的动力电源和照明电源应有分开配置的切断装置；所有层门应关闭；电梯停靠在最高楼面。

④ 有防护要求的零部件表面的保护膜，在正式交付用户前应保持作用。

⑤ 定期查看电梯底坑，若发生积水等危及电梯运行安全的情况，应书面向用户提出。

（五）交付

① 电梯交付给用户使用前，必须进行终端验收合格。由企业专职检验员开出"电梯安装合格证明书"，经当地技术监督部门验收合格后，与用户确认，方可进行设备交付工作。

② 在交付过程中，现场安装负责人或指定人应对用户进行电梯正常操作和功能使用的指导及培训。

③ 电梯交付用户前，现场安装负责人指定专人将电梯机房、井道、大厅外场地清扫干净；电梯设备做好清洁，各表面除尘、去油污。

④ 严格根据"电梯安装合同"的内容与要求，将随机文件及钥匙一次性交付用户，并且双方在交付文本上签字确认。

第五节　交　付

一、交付条件

当具备了以下条件，由施工队长通知用户进行电梯交付：
① 电梯安装验收完成并符合合格要求；
② 已开出电梯安装检验报告；
③ 用户已按合同付清了电梯货款及安装费用。

二、交付主要内容

① 电梯安装检验报告。
② 电梯随机文件。
③ 产品合格证书。
④ 开箱明细表。
⑤ 电梯启动钥匙。
⑥ 层门三角钥匙附使用警告牌。
⑦ 机房标签。
⑧ 机房松闸工具。
⑨ 其他附件。

三、交付手续

竣工移交时，应由安装工程负责人填写电梯安装竣工移交单（表2-7），填毕，交用户单位负责人/代表在接受人栏签署并盖接收单位公章，并应向用户交待电梯使用、钥匙保管等注意事项。

表2-7　电梯安装竣工移交单

尊敬的用户，首先感谢贵方选用了＿＿＿＿＿＿＿提供的电梯产品。同时感谢在电梯设备安装过程中，贵方予以热情的配合与支持。贵方所订购的电梯已经安装完成，并经厂家和政府部门验收合格，现交付贵方使用。

在完成上述设备移交后，作为制造商和安装单位，我们只能负责地告知贵方，电梯设备在验收移交后的保管工作由贵方负责。由于电梯属于国家政府实施严格管理的特种设备，为了确保贵方对电梯的正常使用，我方郑重地向贵方建议，必须加强对电梯设备移交后、正式投入使用前时间段的严格管理，以防止电梯部件、电脑板被盗、电梯浸水等情况发生。

为此，我方建议如下提示。
一、防盗注意事项
（1）电梯机房钥匙与电梯厅门钥匙必须由专人保管。
（2）电梯机房的所有门、窗应牢固可靠，并有可靠的锁闭装置。
（3）当相关人员离开机房时必须关窗锁门。
（4）加强保安巡逻管理，防止可疑人员进入轿厢及电梯设备区域。
（5）加强门卫管理制度，防止可疑人员携带偷盗的电梯零部件离开管理区域。
（6）如遇偷盗现象，请速报案，并保留报案回执单。
二、防水注意事项
（1）当有暴雨、台风天气时，要检查机房门窗是否关闭，防止雨水淋到机房设备，保证建筑物上下水道的畅通，防止造成溢水通过走廊流进电梯井道，使电梯受损。

（2）定期检查消防设备，确保正常。如需试验、检查或启动消防设备时，请提前通知电梯设备管理人员或维保人员，以便采取预防措施，防止溢水。大楼试验消防设备时，要将电梯暂时停至顶层，切断机房电梯主电源。

（3）如电梯浸水，请不要擅自启动电梯，因轿厢浸水可能已造成电气短路，同时底坑积水可能会造成电气保护开关失效。必须确认切断电梯电源后立即与我公司联系。

三、其他注意事项

（1）层门门套、厅门、召唤、轿厢等，希望能妥善保管，以免划花、敲坏。

（2）严禁电梯带病运行和超负载运行。

（3）电梯驾驶员应持有技术监督局颁发的电梯驾驶员操作证上岗。

（4）电梯维修保养人员应持有技术监督局颁发的电梯维修保养操作证上岗。

（5）机房内的环境温度应保持在 $5\sim40℃$ 之间，相对湿度不大于 35%（在 $25℃$ 时）。供电电压波动应在 $\pm7\%$ 范围内。

四、移交单目录（见表 2-8 和表 2-9）

以上事宜请贵方重视，如果疏于防范，一旦发生事故，将对贵方带来较大的经济损失和电梯使用上的不便。详细电梯设备使用管理要求，请查阅已提交贵方的相关资料。谢谢贵方合作，祝贵企业日益繁荣昌盛！

电梯突发情况联系：　电话：＿＿＿＿＿＿＿＿　　地址：＿＿＿＿＿＿　　部门：＿＿＿＿＿

表 2-8　安装竣工移交单（升降梯）

序号	资料名称	数量（每台）	工程移交总数（总计）
1	升降梯随机图纸	壹本（群控梯例外）	（　　）本
2	安装使用维护保养说明书	壹本（群控梯例外）	（　　）本
3	产品出厂合格证	壹份	（　　）份
4	用户服务手册	壹本	（　　）本
5	电梯安装合格证明书	壹份	（　　）份
附件序号	附件名称	数量	工程移交总数
1	电梯启动钥匙	贰把（群控梯例外）	（　　）把
2	厅门三角钥匙附使用警告牌	贰把（群控梯例外）	（　　）把
3	机房标签（上下行、警示牌）	壹张	（　　）张
4	机房松闸工具（扳手、飞轮或手柄）	壹套	（　　）套

其他：

注：全进口电梯配壹把，其他电梯配贰把。

移交单位＿＿＿＿＿＿＿＿＿　　　接收单位＿＿＿＿＿＿＿＿＿

移交人签名＿＿＿＿＿＿＿＿　　　接收人签名＿＿＿＿＿＿＿＿

移交日期＿＿＿＿＿＿＿＿＿　　　接收日期＿＿＿＿＿＿＿＿

表 2-9 安装竣工移交单（自动扶梯/自动人行道）

序号	资料名称	数量(每台)	工程移交总数(总计)
1	自动扶梯随机图纸(原理图)	贰本(群控梯例外)	( )本
2	自动扶梯安装使用维护保养说明书	贰本(群控梯例外)	( )本
3	产品出厂说明书	壹份	( )份
4	用户服务手册	壹本	( )本
5	电梯安装合格证明书	壹份	( )份
附件序号	附件名称	数量	工程移交总数
1	电梯启动钥匙	壹/贰把(集群梯例外)	( )把
2	梯级调整扳手	壹把	( )把
3	踏板调整扳手	壹把	( )把
4	松闸扳手	壹把	( )把
5	检修开关(上、下行、急停)(BL、BS)	壹只	( )只

其他:

注:全进口扶梯配壹把,其他扶梯配贰把。

移交单位_____   接收单位_____

移交人签名_____   接收人签名_____

移交日期_____

四、资料归档

电梯交用户使用后,安装队应填写表 2-10 所示的电梯安装完工报交单,将表内所列资料整理好,交企业资料管理员存档。资料管理员在收齐资料的同时发出"安装资料签收单"。

表 2-10 电梯安装完工报交单

工作令号		销售合同号		型 号			
购货单位		安装合同号		站 门		数量	

报交项目

1. 电梯安装过程质量检测记录表
2. 电梯安装验收报告
3. 调试报告
4. 电梯安装返修通知单
5. 电梯安装验收合格证书

报交经办人		验收合格证编号		经办人	

思　考　题

2-1　简述安装计划管理的内容。

2-2　简述安装技术交底的内容。

2-3　开箱时应注意什么事项？

2-4　移交时应注意什么事项？

2-5　简述井道和机房检查应注意的事项。

第三章　电梯安装质量控制

第一节　电梯工程质量管理的过程方法

电梯工程质量管理基本形式可以概括为 12 个字，即 1 个过程，4 个阶段，8 个步骤。即指电梯工程质量管理是一个过程，这个过程又包括 4 个阶段，分 8 个步骤去完成，参见图 3-1。

一、计划

第一阶段是计划阶段，也称 P 阶段。这一阶段的工作内容是根据客户对工程项目的要求，依据公司制定的质量方针和质量目标，制定工程质量管理计划。计划的内容至少应包括以下方面。

1. 首页（批准页）

应注明电梯工程项目名称、编号、项目内容、施工地点、项目开竣工日期、编制日期、编制人、审核人，明确施工人员进入工地时的培训要求和所做的安排。

2. 施工条件要求

明确电梯工程施工条件，包括安全环境要求等。

3. 项目的质量方针和质量目标

要具体、明确，并指定质量管理部门和负责人。

4. 质量记录

明确电梯工程需做的质量记录要求。

这一阶段的工作分为两个步骤：

第一步，根据工程项目要求，制定电梯设备采购计划，勘查机房、井道是否符合安装条件，明确提出电梯设备进场时间，二次运输以及产品防护的对策和措施；

第二步，负责施工队编制具体的施工组织方案，办理开工报批手续。

二、实施

第二阶段是实施阶段，又叫 D 阶段。这一阶段的工作内容是按照计划要求，采取措施加以落实，有两个重要步骤：

第一步，施工准备，就是将项目的组织架构、施工人员、进度安排等具体化；

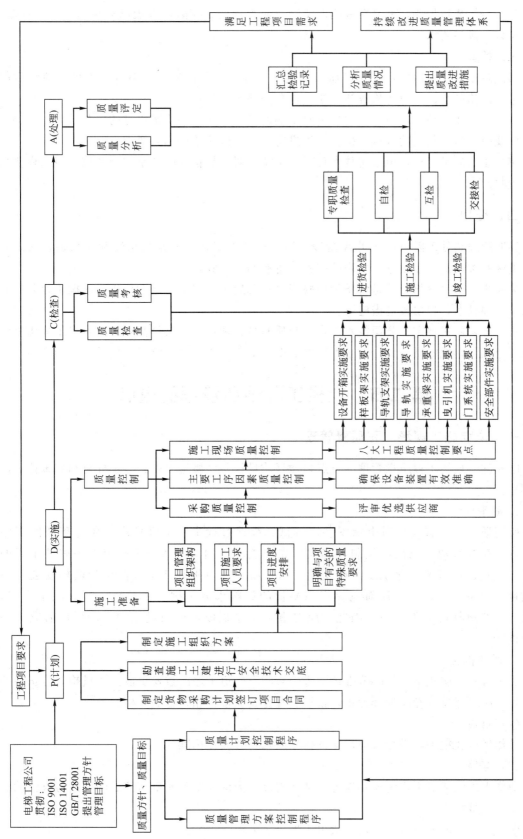

图 3-1 电梯工程质量管理过程方法程序图

第二步，质量控制，就是对采购的货物、监视和测量装置以及现场质量重点进行控制，确保质量，满足要求。

三、检查

第三阶段是检查阶段，又叫 C 阶段。这一阶段的工作内容就是对计划实施和执行后的结果进行严格的全面细致的检查和考核。也分为两个步骤：

第一步，质量检查，由公司质检员对采购的货物和施工中质量重点的控制效果、"三检"情况以及竣工后交付前的调试、试验结果进行检验，确认是否达到要求；

第二步，质量考核，由公司技术负责人主持，对质量检查的结果进行考核，对工程质量进行验收。

四、处理

第四阶段是处理阶段，又叫 A 阶段。这一阶段的工作内容是总结经验和教训，巩固成绩，整理并提出进一步改进、提高的措施，也有两个步骤：

第一步，质量分析，就是将质量检验记录汇总后进行定量、定性分析，掌握工程质量的现状和发展动态，提出改进措施；

第二步，质量评定，公司技术负责人和质检员、现场施工人员都要认真对待工程质量的检查评定工作，把好质量关，防止不合格的电梯交付使用，并将评定结果反馈给用户。

第二节　电梯工程质量管理的重点

一、电梯施工现场工程质量管理

电梯施工现场工程质量管理的重点是做好质量控制、质量检查、质量分析和质量评定四项工作。

1. 质量控制

所谓质量控制就是针对电梯安装、调试、维保过程中某个容易产生质量事故的工序或部件，事先采取措施加以控制，起到事先防患的作用。例如为了确保电梯安装工程的质量，应提出样板架、导轨及导机支架、承重梁、曳引机等 8 个方面作为电梯安装工序中质量控制重点。这些工序对电梯产品质量的影响十分关键，如导轨安装一项不合格，将导致整个电梯产品不合格。因此，应对重点工序积极进行质量控制，以保证后续工序顺利进行。

2. 质量检查

质量检查是防止不合格环节继续下去，影响下一道工序的重要手段。质量检查应贯穿整个工程。必须坚持以专职检查为主，自检、互检、交接检相结合的三检制度。

（1）自检

操作者自我把关，进行自检，保证操作质量符合质量标准。

（2）互检

操作者之间或班组之间相互检查，共同提高，为保证工程质量而开展的质量检查活动。

（3）交接检

前后工序之间的交接检查，一般由工地负责人组织进行。

（4）专职质量检查

由公司负责安全质量的部门对工程质量和工作质量进行定期、定点质量检查，并将检查结果记录在案。

3. 质量分析

质量分析是将质量控制措施和质量检查结果的原始记录进行汇总分析，找出质量变动原因，提出质量改进措施。质量分析的基本方法，是以大量的数据统计为基础，运用数理统计的方法进行加工整理，定量分析，找出规律，从而采取对策。一般最常用是两图一表的方法，即排列图、因果分析图、对策表。

4. 质量评定

根据国家颁发的质量评定标准，评价工程质量情况，衡量公司质量管理的总体水平。现场负责人和质量检查员要认真对待工程质量的检查评定工作，把好质量关，促进工程质量不断提高。

二、不断提高施工现场质量管理

施工现场质量管理工作，除了上述四个方面重点工作外，还有以下一些基础工作，也要认真做好。

1. 标准化工作

电梯工程质量管理中起作用的主要标准有《电梯制造与安装安全规范》、《电梯工程施工质量验收规范》和《电梯、自动扶梯和自动人行道维修规范》等，必须及时掌握和了解现行的国家标准。

2. 加强计量工作

首先要正确、合理地使用计量器具；其次是对计量器具要按检定规程进行校验、检定，保证其性能良好、示值精确；最后是尽可能采取先进的设备和技术，实现测试手段现代化。

3. 做好质量信息工作

对施工现场来说，主要是收集施工现场的质量检验记录、工序控制记录等原始资料，及时向相关部门反馈信息，以便了解、掌握施工过程中的质量动态，制定对策措施。

4. 安全文明施工

施工现场要搞好作业环境管理，保持正常生产秩序。操作人员要严格遵守工艺纪律和劳动纪律，科学、合理、文明施工。

三、影响电梯工程质量的主要因素

任何电梯工程施工的全过程都是由许多分项工程的施工过程组成的，而每个分项工程的施工过程都存在着影响工程质量的各种各样的因素。但是，经验与理论表明，在这众多的因素中，总有几个起着决定全局或支配地位的主要因素，归纳起来，有6个主要因素，这就是操作人员的素质、管理方法、材料的质量、机器设备的质量、检测手段、环境因素。

1. 操作人员的素质

任何生产过程都离不开人的操作，即使是先进的自动化设备，也还是需要人去操作和管理。对于操作人员占支配地位的电梯安装、调试、维保工程来说，操作人员的素质更为重要。操作人员的素质是构成电梯工程公司整体素质的要素之一，而工程质量则是公司整体素质的综合反映。操作人员的素质包括质量意识、责任感、技术水平、操作熟练程度等，这些是造成操作误差的主要原因。因此，电梯工程公司要提高公司整体素质，提高工程质量，首要的就是要提高操作人员的素质，切实进行公司员工的质量教育和培训，弄清工程质量与工作质量的联系，立足本职，为提高工程质量做出贡献。

2. 管理方法

管理方法实质上就是工作质量，它包括组织生产施工的方法、工艺方法、质量控制、检验等在内的公司所有质量管理工作。

电梯工程质量与公司各方面的工作都有着密切的关系，特别是在施工过程中，如何合理地组织物资、人力、资金、时间，处理好人与物、空间与时间、天时与地利、工艺与设备、专业与协作、供应与消耗等各种关系和矛盾，这就必须有严密的组织实施计划和管理方法，才能达到施工速度快、消耗少、收益大，取得好的经济效益。否则，欲速不达，事倍功半，劳民伤财。因此，每一位员工都应清楚自己从事的工作与工程质量的关系，明确本人在保证和提高工程质量方面应负的责任。

3. 材料的质量

材料的质量是指工程中所用的货物、构配件、原材料的质量，这些材料的质量直接影响工程质量。如混凝土预制构件，是用来作电梯的承重梁，如果不能满足承受重力的要求，一旦发生质量事故，将直接危及人的生命和财产安全。

4. 机器设备的质量

机器设备的质量是指电梯设备、工艺设备和施工有关的机械工具的质量。所采购的电梯质量是影响工程质量最主要的因素，起着决定性作用。对于工艺装备和其他施工机具，这是进行施工过程中必不可少的物质技术基础，是影响工程质量的重要因素，起着十分重要的作用，它既能减轻操作人员的劳动强度，改善劳动环境和安全条件，又能保证工程质量，提高效率，加快施工进度。因此，电梯工程公司一定要做好工艺设备的检查、维修和保养工作，使之始终保持完好的使用状态。

5. 检测手段

检测手段主要是指检验测量的器具以及测试仪表的质量。在电梯工程质量管理过程中，检测工具的误差，常常是工程质量产生问题的重要原因，而这种误差的本身往往又是难以发现的。因此，电梯工程公司在具体实施质量、环境和职业健康安全三个国家标准中，应编制做好检验工具的作业指导书以及工艺设备的管理办法，要求对其进行定期的检修和校准，使之经常处于良好精度和性能。

6. 环境因素

环境因素是指施工现场的温度、湿度、劳动环境、资源供应等方面的因素对工程质量的影响。比如，电梯机房的环境就有温度的要求，平时要保持良好的通风。资源供应的好坏，不仅影响施工的进度，更会直接影响工程质量。为此，除了确保某些特殊要求的环境条件外，还要做好现场的环境管理，搞好文明生产，为全力提高工程质量创造条件。

上述 6 个方面是影响整个工程质量的主要因素。在实际工作中，必须做到具体问题具体分析，才能找出最主要问题并制定相应的技术组织措施，加快施工进度，提高工程质量。

四、电梯工程质量控制的原则

1. 对严重影响电梯质量的关键质量特性应设置质量控制点

电梯质量主要表现在安全性、可靠性、舒适感、振动与噪声、能耗等方面，而质量特性一般分为三类：一是关键特性，指该特性如果失效或损坏，可能导致危及人身安全或产品无法执行规定的任务；二是重要特性，指特性如果失效或损坏，可能迅速导致或影响最终产品不能完成要求的使命，但不会发生危及人身安全的后果；三是一般特性，除关键特性、重要特性之外的所有特性。

由此可见，电梯的安全性是电梯质量中的关键特性，可靠性可认为是重要特性，其他可作为一般特性。因此，在电梯的安装、调试、维保过程中，必须坚持"安全第一、运行可靠"的要求，对严重影响电梯安全性这一关键质量特性的各个方面、各道工序应设置质量控制点，进行严格的质量管理。

2. 工艺上要求严格，对下道工序有严重影响的关键部位应设置质量控制点

如电梯安装前的样板架制作和放线，就是十分关键的工序部位。样板架是电梯安装的基准，如果样板架制作有误差或放线不精确，势必直接影响到电梯安装定位的准确性。因此，要对样板架的制作和放线进行严格检查和验收，保证其制作的正确性和数据的准确性，如发现问题要立即整改，绝不放过。又如承重梁隐蔽工程的安装、导轨的安装等都是十分重要的关键部位，其安装质量的好坏直接影响到下道工序以及整个工程质量的好坏。

3. 对出现不合格项较多的或用户反馈问题较多的重要环节应建立质量控制点

如电梯运行中容易出现安全故障的部位有电梯门系统，而据用户反馈，电梯运行中有60%以上的故障是出现在门系统。因此，在电梯安装或维修保养过程中要十分重视门系统各个部件、各个工序的质量管理，严格按照相关规范、规程作业，认真检测每一个数据并做好记录。设置建立质量控制点，加强工序管理，是电梯工程公司加强现场工程质量管理的基础环节。

五、落实和实施质量控制点的步骤

1. 确定质量控制点，编制质量控制点明细表

电梯和自动扶梯安装过程中各个工序中出现的质量控制点可参考表 3-1 和表 3-2。

表 3-1　电梯安装过程中的质量控制点

序号	安装阶段、部位	质量控制点的类型	控制方法和填写资料要求
1	设备开箱	停止点	设备开箱检查验收需三方(业主、生产厂或供应商、安装单位)代表到场、签名确认，填写开箱记录
2	基础、井道	见证点	进行井道勘测，填写井道检查记录
3	样板架安装、放线	见证点	填写中间验收记录
4	导轨支架安装	停止点	按质量要求逐项检查、验收
5	导轨安装	停止点	用量规、校导轨卡尺、激光校轨仪等检查、验收，填写中间验收记录
6	层门安装	见证点	观察、测量检查，填写轿厢、层门组装分项工程质量检验评定表
7	轿厢安装	见证点	
8	曳引机就位	见证点	观察、测量检查，填写安装质量检验记录
9	井道管线、线槽敷设、控制箱、机房配线	见证点	观察、测量检查，填写电梯电气装置安装工程质量检验评定表

续表

序号	安装阶段、部位	质量控制点的类型	控制方法和填写资料要求
10	曳引绳、补偿链安装	见证点	观察、测量检查,填写中间验收记录
11	安全部件	见证点	观察、测量检查,填写电梯安全保护装置工程质量检验评定表
12	搭拆脚手架	停止点	观察、测量检查,填写安装质量检验记录
13	慢车调试	停止点	观察、测量检查,填写安装质量检验记录
14	快车调试	停止点	观察、测量检查,填写安装质量检验记录

注：表中的"停止点"，指本控制点必须经检查合格才能进入下一个工序的施工。

表 3-2 自动扶梯安装过程中的质量控制点

序号	安装阶段、部位	质量控制点的类型	控制方法和填写资料要求
1	设备开箱	停止点	设备开箱检查验收需三方(业主、生产厂或供应商、安装单位)代表到场、签名确认,填写开箱记录
2	基础、井道	见证点	进行井道勘测,填写井道检查记录
3	桁架的吊装	见证点	观察、测量检查,填写中间验收记录
4	桁架的定位	停止点	观察、测量检查,填写中间验收记录
5	导轨的调整	见证点	观察、测量检查,填写中间验收记录
6	电气接线	见证点	观察、测量检查,填写中间验收记录
7	扶手支柱及扶手带的安装	见证点	观察、测量检查,填写中间验收记录
8	梯级的安装	见证点	观察、测量检查,填写中间验收记录
9	裙板与内侧板的安装	见证点	观察、测量检查,填写中间验收记录
10	外包板	见证点	观察、测量检查,填写中间验收记录
11	慢车调试	停止点	观察、测量检查,填写安装质量检验记录
12	快车调试	停止点	观察、测量检查,填写安装质量检验记录

表 3-1 和表 3-2 是电梯安装中质量控制点明细表。明细表的编制依据《电梯工程施工质量验收规范》和《电梯、自动扶梯和自动人行道维修规范》中提出的对工程质量的要求，确定质量控制点、控制的类型、控制的方法，特别要收集控制点的各种资料和数据，为以后进行工序质量的分析和质量改进提供基础。

2. 依据所收集的资料、数据，找出影响质量特性的主要因素

根据工序质量分析，找出主要因素，相应规定出明确的控制范围和有关要求，编制控制点的作业指导书（或工艺操作卡）和自控记录表。在工程现场严格实施作业指导书，预防质量下降或不稳定的趋势，把质量控制在规定的水平，并在此基础上不断改进，使工程质量再上一个新台阶。

第三节 安装准备阶段质量控制

1. 安装指导文件

应有完整可用的安装指导文件，包括安装说明书和安装图纸。

（1）安装说明书　内容至少包括安装程序、各工序的技术要求、必要的图示等，应能明确地指导安装工作的进行。

（2）安装图纸　较复杂的安装部位应有能指导安装的图纸，防止出现随意安装或摸索安装。

2. 质量控制文件

（1）安装质量记录　按照安装工序，详细记录每个工序的实际尺寸、形位公差等。应有操作人和检查人的签名。

（2）调试记录　对调试的结果加以记录。内容应包括结构调试和技术性能调试。应有调试人和安装负责人签名。

3. 质量检查制度

（1）自检　施工人员应根据电梯安装图册和安装规范的要求，对每道工序进行自检，并填写"安装质量记录"。

（2）互检　互检是施工人员个人之间或班组之间相互检查，互相监督，共同保障工程质量而开展的质量检查活动。也可由安装组内的兼职质检员进行。互检一般按"安装质量检查记录"进行，对安装者填写的内容加以确认。

（3）专职人员检查　指工地现场专职质检人员对安装质量的检查。只有在上道工序符合安装质量标准后，才能进行下一道工序。对于一些质量控制点和隐蔽点的检查，还应与业主和监理单位一起检查，确认后才能进入下道工序。

4. 人员配备

（1）安装技术人员　应由专业安装技术人员对安装进行技术指导和质量检查。对大型工程应有专职技术人员负责，对一般工程可以一人同时负责几个工地。

（2）安装技工　应有电梯安装上岗证，严禁无证上岗。

（3）质量员　每个班组应设有兼职质量监督员，对安装质量进行监督和互检。对大型工程应设专职的现场质量负责人。

5. 安装现场的确认

安装现场确认的内容包括井道与机房的复检、施工条件检查、工具房的确定、施工前准备等。

（1）井道与机房复检　以井道与机房的布置图和检查记录为依据，对井道与机房的尺寸加以复检。重点检查整改内容是否已完成。

（2）施工条件检查

① 井道、机房的施工面是否已具备安装电梯的条件，包括检查有否其他施工项目占用了电梯安装的施工面，是否有杂物的堆放可能影响电梯安装等。

② 供电是否满足施工条件，如不能提供永久电源，业主方应提供施工临时电源，并应将电源接至井道附近或机房中。施工用电一般由安装单位自付费用，并应自行安装电表和相应用电开关。

（3）工具房的确定　工具房用以放置施工工具和零部件，需要有一定的面积，同时位置应尽量靠近井道，以提高安装施工效率。电梯安装监理应协助安装单位落实工具房的位置。施工单位应自行将工具房上锁，保护好里面的工具和零部件。

6. 施工前准备

将作业工作面或井道、机房等空洞用护栏围住，防止无关人员进入作业区。同时应提前准备作业的吊装和安装用的工具。安装小组的成员还应仔细阅读随机文件，掌握、熟悉电梯的结构和工作原理。

第四节 安装过程质量控制

一、安装过程质量检查

安装过程质量检查可分为分项工程检查和日常抽检。

1. 分项工程检查

按表 3-1 和表 3-2 的内容，对关键工序实行专检，不合格不准进入下一道工序。由安装监理人员主持进行。例如导轨的安装质量，如在电梯安装完成后才发现，则很难对导轨进行调整，因此有必要将导轨的安装作为一个分项工程做检查。

2. 日常抽检

监理人员应对安装质量记录进行日常抽检，发现问题及时要求修正，并进行质量分析，防止类似问题再发生。

二、安装质量分析

安装质量分析是根据检查原始记录进行分类汇总后，认真地对照分析，找出安装质量的问题点以及安装质量变动的原因，引导施工人员正确地操作，确保安装的质量。

1. 安装质量分析的基本内容

安装过程质量分析包括工程质量分析和工作质量分析两部分。

（1）工程质量分析　主要根据安装图纸和安装规范，对存在的问题分析其是安装工艺的问题还是安装技术上存在问题。经过分析之后，应立即对安装工艺或安装技术加以改进，不能将问题留到下一道安装工序。

（2）工作质量分析　主要指分析现场施工人员是否违反工序和操作规程，技术指导是否

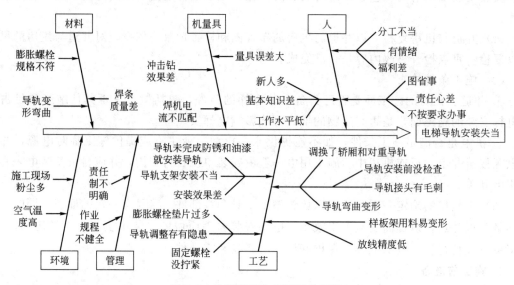

图 3-2　导轨安装失当因果分析图

正确。造成安装质量出现问题有可能是多方面的原因，此时应分清主次，分别对待解决。同时分析安装质量应力求具体，以便采取相应的预防措施和对策。

2. 安装质量分析的基本方法

安装质量的分析应以安装规范、操作规程和安装图纸为基础，与测量数据相比较，运用统计的方法进行加工整理，经定量分析，找出规律，从而采取对策。一般最常用的方法有分层法、因果分析图法、控制图法、调查图法等。

以电梯导轨安装为例进行分析。导轨安装是电梯安装的关键工序，它直接影响到电梯的运行质量。导轨安装失当的原因可以见图 3-2 的因果分析。

第五节 电梯安装质量验收管理程序

一、程序适用范围

本程序规定了由企业安装的电梯安装后报验、自检、互检的要求，以保证验收后电梯符合国家有关电梯产品安装质量和安全标准的规定，并符合厂家对产品技术性能的要求。

本程序适用于各类电梯及自动扶梯、自动人行道的安装验收管理。

二、引用标准

GB 7588—2003　电梯制造与安装安全规范

GB 16899—2011　自动扶梯和自动人行道的制造与安装安全规范

GB/T 10058—2009　电梯技术条件

GB/T 10059—2009　电梯试验方法

GB/T 10060—2011　电梯安装验收规范

ISO 9001:2015　质量管理体系　要求

三、目的和原则

质量验收合格的电梯、自动扶梯必须达到技术标准、图样及技术文件的允许范围和产品购销合同中的要求，保证产品应有的性能，满足用户需求。安装质量验收中的让步、返修必须符合产品适用性要求，遵守"一切为用户着想"的原则，维护产品质量信誉。

四、安装质量验收程序

在电梯安装完毕后，必须经企业电梯安装验收员验收合格，填写自检报告，由企业质量部门出具产品合格证，才能到各省特种设备检验检测院报验，其流程如图 3-3 所示。

（一）报验

正式报验的电梯应提前 7 天报企业安装部。

① 若安装队因故不能按期验收，须提前 2 天书面或电话通知企业安装部，并确定延后验收的日期。

② 若验收人员因故不能按期前往验收，须提前 2 天书面或电话通知安装工程负责人，并确定延后验收的日期。

（二）报验必备条件

① 安装队现场准备工作。按产品购销合同、安装合同及相应技术标准、图样、技术文

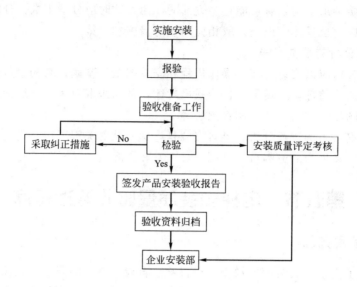

图 3-3 安装质量验收流程图

件要求完成电梯的安装和调试，运行正常，电梯完好。

② 按"电梯安装验收报告"及"自动扶梯安装验收报告"的要求做好自检、互检，并做好整改工作。如实填写自检、互检实测数据及结论。

③ 安装班组完成质量互检工作，并对互检不合格项目及时返工，直至符合要求，提交调试报告和工程进度。

④ 清除施工现场杂物，做好电梯设备清洁保养工作，准备好电梯静压试验压重物。

⑤ 将验收日期报告用户负责人，并要求用户保证验收期间正常供电，安排好协助验收的安装人员。

（三）验收准备工作

（1）安排验收任务 企业验收人员依据各安装队预定的安装验收时间，根据各工程点位置，遵循顺路节约、提高验收工作效率的原则，合理安排验收路线和任务。

（2）准备验收资料、器具

① 接受验收任务后，负责验收的人员必须携带好报验单、产品合格证书、返修通知单等验收用资料。

② 验收人员同时随身携带必备的受控检测器具、仪表及常用工具等。

③ 携带相应的个人工作证。

（四）验收

1. 现场摸底

① 索取该工程的"电梯安装验收报告"，了解安装队自检，互检的质量状况及返修情况。

② 检查安装队验收前的其他准备工作。

③ 验收人员遇到下列情况之一的，有权拒绝验收：

a. 电梯安装或调试尚未结束，电梯不完好；

b. 电梯安装调试完成，但尚未进行自检、互检，无"安装验收报告"；

c. 安装队只留一人或留下人员无法配合验收人员共同验收。

④ 对验收人员的要求：

a. 在验收过程中，验收人员应以事实为依据，坚持公平、公开、公正的原则；

b. 验收人员起到"三员"作用，即产品检验员、技术辅导员和质量宣传员。

2. 检查测量

① 实地检测时，验收人员必须有安装工程负责人及安装钳工、电工各一名配合，通知用户工程负责人共同参与，才能正式开始检测。

② 按企业电梯或自动扶梯验收标准实施检测，检测数据应如实填写在"电梯安装验收报告"及"自动扶梯安装验收报告"上，并与自检、互检记录逐项核对，误差较大时追加检测一次。

③ 电梯检测顺序一般为机房、井道、层门、轿厢、底坑、外观质量。完工后无法检测隐蔽工程，验收人员应查对"电梯安装验收报告"中"隐蔽工程"栏内是否有工程负责人签名。应在工程安装时，由工程负责人通知用户查证，并在验收报告上签字。用户无法认可的，由工程队担负全部责任。

3. 鉴别和处置

（1）鉴别　"电梯安装验收报告"把所有验收项目分为三大类，即"保证项目""基本项目""允许偏差项目"。

① 若保证项目中有一项不符合验收标准，则判定该电梯安装质量不合格。

② 若本项目中有三项以上不符合验收标准，则可判定该电梯安装工程质量不合格。

③ 允许偏差项目扣除不合格项目得分后，总分低于 93 分的，则可判定该电梯安装质量不合格。

（2）返工　电梯检测完毕，验收人员应将发现的不合格项目或其他有关的质量问题，逐条填写在"电梯安装返工通知单"上，一式二份。返修单开出后，请安装工程负责人认可并签名生效，一份给安装人员，一份验收人员留存，并带回企业归档。安装队按电梯安装返修通知单要求逐项返修，直至达到验收标准。

（3）复验　安装队按返修单要求整改完毕后须经复验。若整改内容较多，三天无法返修完毕，验收人员可撤回或转到别的项目进行验收，复验日期等安装负责人通知约定。

（4）让步　对返工量较大且不便返修，或返修后会引起其他质量后果，对电梯安全指标和运行性能无较大影响的不合格项目，验收人员有权做出不返修的处理决定。由验收人员在"电梯安装返工通知单"上注明后带回企业安装部。

① 若某不合格项目严重影响产品安全指标或运行性能，验收人员难以提出返工要求的，应立即向企业安装部征求处理意见或方案。

② 若安装人员因各种原因擅自改变产品结构，不论是否影响产品安全指标或技术性能，验收人员应立即向企业安装部汇报，由安装部负责协调处理。

（五）向用户交底

由验收人员会同安装工程负责人邀请用户单位有关管理人员座谈，汇报该安装工程验收质量状况及验收结论，介绍产品今后使用、维护、管理的要求，听取用户对安装人员及安装工作的意见和建议，由用户负责人签收。

（六）安装工作总结

验收人员完成全部验收工作离开安装现场前，应召集全体安装人员开会，总结电梯安装中存在的质量问题，分析问题的症结所在，提出今后改进和避免的措施，帮助安装人员增强质量意识和提高工作质量。

（七）验收资料归档

① 验收人员完成验收任务回到企业后，应主动向安装部负责人汇报验收工作情况，并将产品安装报验（任务）单、安装维修工作令、电梯安装验收报告、电梯安装返工通知单、电梯平衡系数测试表、电梯调试报告及电梯安装检验报告各一份交企业安装部。

② 归档验收资料，包括产品安装报验（任务）单、安装维修工作令、电梯安装验收报告、电梯安装返工通知单、电梯平衡系数测试表、电梯调试报告。

思 考 题

3-1 简述电梯工程质量管理的过程方法。

3-2 简述电梯施工过程的重要质量控制点。

3-3 简述自动扶梯安装质量的重要控制点。

3-4 简述安装质量验收程序。

3-5 简述安装质量分析的基本内容。

第四章　电梯项目施工组织设计

第一节　电梯项目施工组织设计的内容和编制方法

施工组织设计是对施工活动实行科学管理的重要手段，提供了各阶段的施工工作内容，协调施工过程中各施工单位、各工种、各项资源之间的相互关系。通过施工组织设计，可以根据具体工程的特定条件，拟订施工方案、确定施工顺序、施工方法、技术组织措施，可以保证拟建工程按照预定的工期完成，可以在开工前了解到所需资源的数量及其使用的先后顺序，可以合理安排施工现场布置。

一、施工组织设计的基本内容

施工组织设计要结合工程对象的实际特点、施工条件和技术水平进行综合考虑，一般包括以下基本内容。

1. 工程概况

① 本项目的性质、规模、建设地点、结构特点、建设期限、分批交付使用的条件、合同条件。

② 本地区地形、地质、水文和气象情况。

③ 施工力量、劳动力、机具、材料、构件等资源供应情况。

④ 施工环境及施工条件等。

2. 施工部署及施工方案

① 根据工程情况，结合人力、材料、机械设备、资金、施工方法等条件，全面部署施工任务，合理安排施工顺序，确定主要工程的施工方案。

② 对拟建工程可能采用的几个施工方案进行定性、定量的分析，通过技术经济评价，选择最佳方案。

3. 施工进度计划

① 施工进度计划反映了最佳施工方案在时间上的安排，采用计划的形式，使工期、成本、资源等方面通过计算和调整达到优化配置，符合项目目标的要求。

② 使工序有序地进行，使工期、成本、资源等通过优化调整达到既定目标，在此基础上编制相应的人力和时间安排计划、资源需求计划和施工准备计划。

4. 施工平面图

施工平面图是施工方案及施工进度计划在空间上的全面安排。它把投入的各种资源、材料、构件、机械、道路、水电供应网络、生产、生活活动场地及各种临时工程设施，合理地布置在施工现场，使整个现场能有组织地进行文明施工。

5. 主要技术经济指标

技术经济指标用以衡量组织施工的水平，对施工组织设计文件的技术经济效益进行全面评价。

二、施工组织设计的编制方法

1. 施工组织设计的编制原则

在编制施工组织设计时，宜考虑以下原则：

① 重视施工组织对施工的作用；

② 提高施工的工业化程度；

③ 重视管理创新和技术创新；

④ 重视工程施工的目标控制；

⑤ 积极采用国内外先进的施工技术；

⑥ 充分利用时间和空间，合理安排施工顺序，提高施工的连续性和均衡性；

⑦ 合理部署施工现场，实现文明施工。

2. 施工组织设计的编制依据

① 建设单位的意图和要求，如工期、质量、预算要求等。

② 工程的施工图纸及标准图。

③ 施工组织总设计对本单位工程的工期、质量和成本的控制要求。

④ 资源配置情况。

⑤ 建筑环境、场地条件及地质、气象资料，如工程地质勘测报告、地形图和测量控制等。

⑥ 有关的标准、规范和法律文件。

⑦ 有关技术新成果和类似建设工程项目的资料。

三、施工组织设计的编制程序

① 收集和熟悉编制施工组织设计所需的有关资料和图纸，进行项目特点和施工条件的调查研究。

② 计算主要工种的工程量。

③ 确定施工的总体部署。

④ 拟订施工方案。

⑤ 编制施工进度计划。

⑥ 编制资源需求计划。

⑦ 编制施工准备工作计划。

⑧ 施工平面图设计。

⑨ 计算主要技术经济指标。

第二节　电梯项目施工组织设计的编制、报审程序

一、电梯项目施工组织方案的策划

1. 施工方案的输入

在策划电梯安装过程的施工方案时，承接该项目的施工技术人员应确定以下方面的适当内容，作为策划施工方案的输入：

① 电梯订货及安装合同（涉及产品的技术条款、交付期、用户的特殊要求等）；

② 电梯监督检验规程、相关标准规范、法律法规等；

③ 制造厂商提供的技术文件（如土建图、部件安装图、电气敷设图、安装说明书等），必要时在开箱前向厂方收集；

④ 电梯产品信息（设备名称、规格及数量等）；

⑤ 施工相关方的信息（工地名称及工作环境、建设和检验单位的联络等）。

2. 施工方案的输出

策划的输出应确定以下几个方面的内容，作为编制方案的目的：

① 电梯安装质量和进度要求（如质量目标、施工进度安排等）；

② 电梯安装过程的作业文件（如安装作业指导书、施工日记、自检记录、工作表单等）；

③ 针对电梯安装过程所需要的控制和检验活动，及接收要求（如质量控制点的检验计划、外包要求等）；

④ 该项目电梯安装人员、施工设备和工作条件等资源的配置。

二、电梯项目施工组织方案的编制

为确保编制施工方案的充分性和有效性，施工单位应考虑以下活动：

① 派出承接该项目的施工负责人与建设单位进行安装过程双方配合事宜的沟通，明确沟通渠道、联系人和双方的职责；

② 组织技术人员抵达工地现场，进行相关建筑设施的土建等条件勘查，发现不符合图样要求的，及时报告制造厂方及建设单位。

在对电梯安装施工方案进行编制时，编制人员应确定以下方面内容。

① 明确电梯安装项目的相关信息（工地、电梯设备、相关方等）。

② 确定施工组织与职责。

③ 电梯安装施工流程：开工告知，派工（持证人员），安装前培训（安全技术交底），准备工作，开箱，安装（调试），整机自检，报检，注册登记，验收通过，交付使用。

④ 明确安装过程中的质量控制点。质量控制重点主要有设备开箱单、样板架、导轨、承重梁、曳引机、门系统、安全部件。采取的过程方法按照 P（计划）、D（实施）、C（检查）、A（处理）方法进行控制。

⑤ 明确安装过程中的安全管理，包括文明施工、防火、防盗、预防安全事故发生。

⑥ 提出如脚手架搭设、吊装等作业项目外包的控制和验收要求。

⑦ 编制施工进度计划表。对每一部电梯安装进度进行事先策划，充分考虑到人力等资

源配置和时间安排，确保工程如期完成。

⑧ 特殊事项补充说明。

施工组织方案在实施过程中可根据实际情况做适当调整，涉及方案规定的内容调整应以附录作为补充，但任何调整应以确保企业履约能力和质量控制为前提。

三、电梯项目施工组织方案的审核和批准

电梯项目施工组织设计，由企业技术负责人组织相关技术、安全、施工、质量检验等管理人员共同汇编，并经过评审确认，作为公司开展安装维修施工项目的示范参考样本，由施工人员在实际项目施工中，根据工程的施工特点和用户或建筑主管方的具体要求或特殊规定进行编制，以适应工程项目的施工要求和具体情况。

施工组织设计需经企业内部审核，并按建筑工程管理要求，履行审核和批准程序，可以由工程管理部门主送，交用户和监理审批。见表 4-1 和表 4-2。

表 4-1　施工组织设计（方案）内部报审表

工程名称：_____

现报上_____施工组织设计（方案）（全套、部分），详细说明和图表见附件。请予以审查和批准。 编制人：_____
编制部门审核：   日期：
技术部门审核：   日期：
安全部门审核：   日期：
批准：   日期：

表 4-2　施工组织设计（方案）报审表

工程名称：_____　　　　　　　　　　　　编号：_____

监理单位：

　　现报上_____施工组织设计(方案)(全套/部分)，已经我单位上级技术部门审查批准，详细说明和图表见附件。请予以审查和批准。

　　项目经理：_____
　　承包单位：_____
　　日　　期：_____

监理工程师审定意见：

　　1. 同意　　　　　2. 不同意　　　　3. 按以下主要内容修改补充

　　并于_____月_____日前报来。

　　　　　　　　　　　　　　　　　　　　　　　总监理工程师：_____
　　　　　　　　　　　　　　　　　　　　　　　日期：_____

注：本表由施工单位填写，连同施工组织设计一份一并送监理单位审查，建设、监理、施工单位各一份。

第三节　电梯项目施工组织设计

一、施工项目概况

项　目　名　称_____

项　目　地　址_____

邮　　　　　编_____

用户联系电话_____

传　　　　　真_____

销　售　合　同　号_____

安　装　合　同　号_____

产　品　合　格　证　号_____

土　建　图　号_____

维修保养合同号_____

二、产品规格及安装参照标准

1. 电梯产品规格

电梯产品规格见表 4-3。

表 4-3　电梯产品规格表

合同编号	梯号	电梯型号	数量/台	层站	载重量/kg	速度/(m/s)

2. 参照标准

（1）电梯制造与安装安全规范（GB 7588—2003）

（2）电梯技术条件（GB/T 10058—2009）

（3）电梯试验方法（GB/T 10059—2009）

（4）电梯安装验收规范（GB 10060—2011）

（5）电梯、自动扶梯、自动人行道术语（GB/T 7024—2008）

（6）电梯主参数及轿厢、井道、机房的型式与尺寸（GB/T 7025.1～7025.2—2008，7025.3—1997）

（7）自动扶梯和自动人行道的制造与安装安全规范（GB 16899—2011）

（8）液压电梯制造与安装安全规范（GB 21240—2007）

（9）杂物电梯制造与安装安全规范（GB 25194—2010）

（10）建筑电梯工程施工质量验收规范（GB 50310—2016）

三、项目组织管理网络及人员配备

（1）施工组织管理网络图（图 4-1）

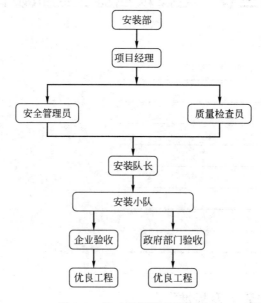

图 4-1　施工组织管理网络图

（2）施工安全管理网络图（图 4-2）

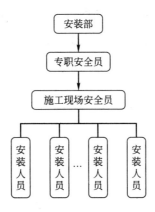

图 4-2　施工安全管理网络图

（3）施工质量管理网络图（图 4-3）

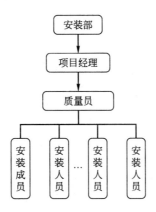

图 4-3　施工质量管理网络图

四、项目进度计划安排及编制依据

1. 编制进度计划依据

① 电梯安装前 15 天，由业主提出每台电梯的安装计划要求，内容包括每台电梯的安装时间、验收时间等。

② 在收到业主的计划后 5 天，制定详细的安装实施计划，提交业主确认，内容包括（但不限于）：

a. 进度计划　细化至每台电梯的吊装、安装调试、竣工验收的进度；

b. 人员配备　每台电梯安装现场的总人数以及资质说明；

c. 工程管理　管理框架，进度、质量、技术、安全等方面的人员设置及管理办法等；

d. 每批电梯进入现场的时间、安装开始的时间和竣工验收的时间等，将在施工进度表或以其他更合适的方法告知业主明了。

在实际执行中，允许根据工程实际情况对已定计划加以修正。但双方均应以书面形式提出要求和确认。但这种修正被限制在该项工程必须按进度计划规定完成的范围内。

2. 项目进度计划

参见表 4-4 所示的电梯工程施工进度记录表。

表 4-4 电梯工程施工进度记录表（电梯、杂物梯安装适用）

文件代号：

序号	施工阶段	有效工作日																													
		1	2	3	4	5	6	7	8	9	10	11	12	13	14	15	16	17	18	19	20	21	22	23	24	25	26	27	28	29	30	31
1	报备、井道测量、进场条件检查																															
2	进场																															
3	接货、清点																															
4	架设脚手架																															
5	安装样架、放线																															
6	导轨安装、导轨精度测量检查																															
7	层门装置安装																															
8	机房设备安装																															
9	井道设备安装																															
10	轿架、轿底和对重组装																															
11	挂绳、走慢车																															
12	轿厢、层门等组装																															
13	电气配线与接线																															
14	走快车、调试																															
15	整机自检、报检																															
16	技监检验																															
17	移交检查与验收、交接																															

工程项目名称　　　　　梯号　　　　　项目负责人　　　　　开工日期 年 月 日

有关说明	1. 各施工阶段的施工进度，为该施工阶段从开始至完毕所占用的有效工作日；用满格连贯的横向粗实线表示。 2. 各施工阶段的施工进度应能衔接（因故停工或窝工除外）。 3. 各施工阶段的施工进度，记录应及时、准确、清晰与真实。停工与窝工情况应记入备注栏	备注	

五、项目施工作业流程及施工技术要求

1. 项目施工作业流程

说明：本施工方案中介绍的安装作业流程为目前企业的通用安装流程，详见图 4-4。

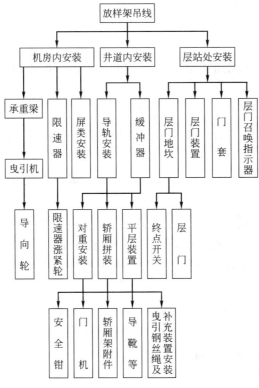

图 4-4　项目施工作业流程图

2. 项目施工技术要求

电梯安装施工前，施工人员应熟悉以下项目技术资料，根据所掌握的情况，选取安装作业指导书的相关施工技术要点附后：

① 产品销售合同、安装合同、产品合格证；

② 产品安装用机械、电气图纸；

③ 营业设计图、土建勘测记录表；

④ 电梯安装作业指导书工艺（通用部分及相关专用部分）；

⑤ 安全作业指导书；

⑥ 装箱清单。

六、施工项目过程质量控制要点及措施

(一) 施工现场质量控制总则

① 项目经理负责现场的机电设备安装、调试等项目的管理。

② 各项安装工程开工之前，用户将对所有的安装工作制定统一的管理制度和报表。不按规定执行，用户有权按相关规定进行处罚。

③ 监理工程师有权审批安装人员的配备、人员资质和实际能力等。对不符合合同要求

的人员，有权要求退换。安装期间如发现对安装不利的情况，或安装质量发现严重问题时，有权暂停安装作业。

④ 监理工程师有权检查安装中任一项工作，包括检查安装质量记录、复核记录等。

⑤ 监理工程师负责和审核安装计划，负责安装进度、质量的监督，有权提出各种与安装有关的要求和警告，安装队将积极响应。

⑥ 执行合同规定的安装有关的各项设备调试、检验、验收工作，并接受监理工程师的指导和管理。

⑦ 安装的全过程，将接受用户统一的管理和协调，并按用户制定的工程管理办法和规定执行。

⑧ 现场一经移交给安装班组，将由安装班组对场地的安全保卫、环境卫生等负完全责任，不干扰其他施工队伍的正常工作。因场地管理不善引起的一切纠纷，安装班组将负责解决。

⑨ 用户应根据监理工程师及安装班组的要求，提供必要的进场条件，企业将予以配合。

⑩ 在与其承包商共同拥有现场的条件情况下，企业将以尽量不干扰对方施工为原则，不损坏对方的设备、材料、工具，否则将予以赔偿或工期上的补偿。

⑪ 企业有责任和义务保持共用施工通道畅通无阻，同时也有责任和义务为其他承包商的施工作业提供方便。

⑫ 用户建立的工程例会制度，由监理工程师主持的定期或不定期召开的工程协调会，企业的项目负责人都应准时参加。

（二）土建勘测及现场配合控制

1. 土建勘测控制

为避免在电梯安装时，由于电梯土建尺寸不符合要求或其他因素，造成电梯不能及时安装，在电梯安装前必须对电梯土建做初步勘测，并同用户商定相关事宜，确保日后电梯顺利安装。此项工作俗称看井道。土建勘测人员必须携带合同、工作联系单、电梯井道勘测记录表等技术文件。

（1）机房　根据电梯机房平面图的尺寸要求，测量和查看机房尺寸、机房高度、机房预留孔位置和大小、承重吊钩的位置和承重量、通风设施、机房门等。动力电源三相五线是否供电至机房门口指定处。

（2）牛腿　根据电梯井道平面图和电梯井道剖面图，查看有无牛腿、牛腿宽度。

（3）底坑　根据电梯井道剖面图，测量底坑深度，有无渗水现象，有无影响电梯安装的垃圾和杂物。

（4）顶层高度　根据电梯井道剖面图，测量顶层高度。

（5）厅门预留孔　根据厅门预留孔图，测量厅门预留孔的位置、高度和宽度，查看预留钢筋的埋设情况，门洞周围是否有渗水现象。测量厅外消防开关预留孔、召唤盒预留孔、层楼显示预留孔等的大小及位置。门洞周围是否有影响施工的垃圾和杂物。

（6）层站数　根据合同，查看预留层站数与合同是否一致。

（7）井道　根据井道剖面图，测量井道的总高度、提升高度、井道结构、井道预埋件、圈梁（钢梁）位置及大小。根据井道剖面图和井道平面图，测量井道的垂直偏差。具体方法如下：在顶层放一垂直线，使重锤锤至底坑，查看井道的垂直偏差。参见图4-5～图 4-7。

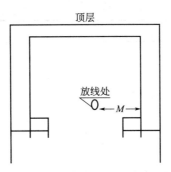

图 4-5　井道壁顶层测量

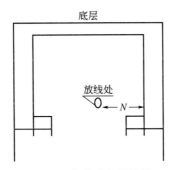

图 4-6　井道壁底层测量

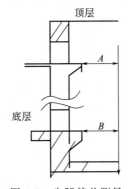

图 4-7　牛腿偏差测量

井道深度垂直偏差量　　　　　　　　$|A-B|=C$

井道宽度垂直偏差量　　　　　　　　$|M-N|=L$

C 或 L 的允许偏差值为：

当井道高度＜30m 时，　　　　　　　　0～＋25mm

当 30m＜井道高度≤60m 时，　　　　　　0～＋35mm

当 60m＜井道高度≤90m 时，　　　　　　0～＋50mm

井道实际宽度、深度尺寸应为实际测量的宽度 AH、深度 BH 尺寸，分别减去 L、C 尺寸。把井道勘测情况记录在表 4-5 中。

表 4-5 电梯井道勘测记录表

大 楼 名 称：_____ 地　　　址：_____

联 系 人：_____ 联系电话：_____

产品合同号：_____ 梯　　　号：_____

一、机房布置图

名称	符号	尺寸				
	X					
	Y					
机房宽度	AM					
机房深度	BM					
	AHL					
	AHR					
	CC					
	CB		机房布置图			
	CF					
绳孔1宽度	AK1					
绳孔1深度	BK1					
绳孔2宽度	AK2					
绳孔2深度	BK2					
	LA					
	LB					
	KK					
	KJ		项目	符合	需整改	备注
孔径	D		电源位置			
井道壁厚	HJ		地坪			
	标高1		内墙粉刷			
	标高2		门窗			
			通风状况			
			大墙预留孔位置			
			其他			
			备注：如有特殊结构需详细标明。			

二、井道平面图

名称	符号	尺寸	备注说明： 标明井道的厚度召唤位置（左、右）；测量层门留空偏移量、井道垂直偏移量（需附图示意）；确认井道内的特殊结构	井道平面图
井道宽度	AH			
井道深度	BH			
前层门入口净宽	JJF			
	DFR			
	DFL			
前层门牛腿宽	NF			
后层门入口净宽	JJB			
	BDL			
	DBR			
后层门牛腿宽	NB			
井道壁厚	HJ			

三、井道剖面图

井道剖面图

名称	符号	尺寸		项目	符合	需整改	备注
底坑深度	PD			门洞中心度			
提升高度	TR			井道结构			
顶层高度	OH			圈梁间距			
井道总高	TH			井道预埋件			
层门入口	HH			其他			
吊钩高度	HM						
机房高度	H		备注：如有特殊结构需详细标明。				
机房楼	F						

四、整改要求

整改要求：

填表说明：井道勘察人员应按照设计图的各项要求对上述项目进行检查，记录结果，在记录表中填写相应的尺寸或状态，并对需要整改的土建项目提出具体整改要求。

勘测人：＿＿＿＿＿＿＿＿＿＿＿＿＿＿＿＿＿＿＿ 时间：＿＿＿＿＿＿＿＿＿＿＿＿＿＿＿＿＿

2. 现场配合控制

与此同时，对电梯安装工程施工现场提出下列配合要求。

（1）库房仓储 提供总包方现有的工地内储存仓库供安装人员使用，或由总包划定场所由安装班组自行搭建。安装班组将对库房仓储做好管理工作，任何乱堆放和任意占用场地的行为都是不允许的。根据就近卸货、就地消化、就近安装的原则，再依据施工环境的具体情况，确定堆放场地。

（2）施工通道 电梯到货一般由出入口出入。安装班组将在每批设备运到现场前，到实地考察设备运输线路，提出切实可行的吊装方案，并派专人负责联络落实，确保每批设备准时运到安装现场。根据工程的特定环境及每台电梯安装的具体位置确定一个或数个进货通道口。

（3）装饰层面的标高 将根据业主和土建单位提供的确切的装饰层面标高对每台电梯安装定位。

（4）施工用电、用水 施工用电、用水是临时的，在接管现场时，将由监理工程师主持，由土建承包商向安装班组交接临时用电、用水的接口点，并根据需要自行接到各施工点。

（5）装饰填充 在电梯安装过程中，由用户委托土建方实施与电梯有关的装饰填充工作。

（三）现场开箱及部件保管控制

1. 现场开箱控制

现场开箱由用户主持，安装班组将安排相关人员负责操作清点。

检查按发货单和装箱单进行，主要检查内容如下。

① 部件种类和数量。如发现短缺，将由供货方负责补齐。

② 损坏锈蚀。开箱后如发现零部件损坏或锈蚀，将由供货方予以更换。若属用户保管不当造成货箱损坏或浸水而导致零部件损坏或锈蚀的，由业主承担责任。

③ 零部件原产地。开箱后若发现零部件不符合产品供货合同规定的，将由供货方予以

更换。

④ 全部的补齐、更换工作，将不应影响安装工程的完成。

2. 部件保管控制

① 安装人员进场后，电梯零部件的存放地点由用户现场圈定，派出专人负责现场监管，保证安装期间的所有电梯及零部件完好无损。

② 在现场配备灭火器材，产品移交前采用有效防尘等保护措施，直至电梯安装完成、验交完毕。

（四）作业实施中质量检验控制

① 向用户和监理工程师提供相关的电梯安装技术要求及检验标准。

② 每台电梯的安装，均设领班和质量检查员一名，并建立自检和互检制度。质量检查员将按"安装与验收批准"要求，对各安装工位和工步进行检查，并填写"安装质量记录卡"。

③ 安装将严格按工艺、工序进行。安装现场的项目负责人将监督安装全过程，严格执行技术质量要求，对每个安装阶段都应进行检查，并对相应的"安装质量记录"加以认可。如前一工序未达到要求，不能进行下一步工作。

④ 项目负责人、安装负责人应经常巡视安装现场，组织必要的质量现场会，进行经常的质量教育。

⑤ 安装过程中完成或局部完成后，监理工程师如发现或有理由认为某个部位有缺陷或故障，需要查找和修复时，需积极配合执行。

（五）调试作业工程控制

调试由专职调试员主持完成。

① 在完成了设备安装之后，将对设备进行调试和检测，并做适当的调整和试运行，同时填写《调试记录》，以便及时发现问题并进行整改。

② 将按合同要求配合用户实施与电梯有关的其他工作。

③ 与电梯有关的调试工作包括合同认定的全部项目。

④ 作业中的调试人员均应受过专业培训，且较有经验。

⑤ 同一井道内并列安装着电梯时，应注意相邻电梯的运行。

⑥ 根据调试人员的指示送电或切断电源时，应确认第三者安全后方可进行作业。

⑦ 试车时，不准乘人运行。

（六）竣工验收及用户移交控制

1. 竣工验收控制

① 电梯调试完成，可进行竣工检验。自检由安装班组主持组织，用户参与。

② 竣工检验的目的是全面检查安装质量和整机性能。在自检开始前，每台电梯应进行试运转。

③ 在验收前5天，以书面形式通知用户和监理工程师。

④ 自检按《安装质量过程记录》内容进行。自检结果填入《竣工检验报告》，一式两份，双方会签后各持一份。每台电梯的全部检验项目都应合格。

⑤ 通过竣工验收的电梯，经用户同意，由安装企业向当地政府机构报检。

⑥ 当地政府机构对电梯检验，由安装班组协助，用户和监理人员参加。通过检验并取得准用证的电梯，用户将签署验收证书并予以接收。

2. 用户移交控制

用户移交阶段应确认以下各项：

① 土建隐蔽工程质量确认书；

② 环境保护教育表；

③ 环境保护检查表；

④ 电梯安装作业废弃物移交单；

⑤ 安装竣工移交；

⑥ 三角钥匙的安全使用与管理。

七、施工项目安全作业管理

（一）施工现场安全作业总则

1. 安全生产

① 必须认真贯彻执行"安全第一，预防为主"的方针，严格遵守安全操作规程和各项安全生产规章制度。

② 凡不符合安全要求，职工有权向上级报告。遇有严重危及生命安全的情况，职工有权停止操作，并及时报告领导处理。

③ 操作人员未经三级安全教育或考试不合格者，不得参加工作或独立操作。电梯安装维修、电气、焊接（割）等特种作业人员，均应经安全技术培训并考试合格，持有特种作业安全操作证方可操作。

④ 进入作业场所，必须按规定穿戴好劳动防护用品。

⑤ 操作前，应检查设备或工作场所，排除违章和隐患；确保安全防护、信号联锁装置齐全、灵敏、可靠；设备应定人、定岗操作；对本工种以外的设备，须经有关部门批准，并经培训方可操作。

⑥ 工作中，应集中精力，坚守岗位，不准擅自把自己的工作交给他人；两人以上共同工作时，必须有主有从，统一指挥；工作场所不准打闹、睡觉和做与本职工作无关的事；严禁酗酒者进入工作场所。

⑦ 凡运转的设备，不准跨越或横跨运转部位传递物件，不准触及运转部件；不准超限使用设备机具；工作完毕或中途停电，应切断电源才能离岗。

⑧ 修理机械、电气设备前，必须在动力开关挂上"有人工作，严禁合闸"的警示牌。必要时设专人监护或采取防止意外接通的技术措施。警示牌必须谁挂谁摘，非工作人员禁止摘牌合闸。一切动力开关合闸前应仔细检查，确认无人检修事时方准合闸。

⑨ 一切电气、机械设备及装置的外露可导电部分，除另有规定外，必须有可靠的接零（地）装置并保持其连续性。非电气工作人员不准维修电气设备和线路。

⑩ 行人要走指定通道，注意警示标志。严禁跨越危险区；严禁攀登吊运中的货件，以及在吊物、吊臂下通过或停留。在施工场所要设置安全遮栏和标记。

⑪ 高空作业、带电作业、动火作业或其他危险作业，必须向安保部门和有关部门申请和办理危险作业审批手续，并采取可靠的安全措施。

⑫ 安全、防护、监测、照明、警戒标志、防雷接地等装置，不得随意拆除或非法占用；消防器材、灭火工具不准随便动用，其放置点周围不得堆放无人管理的物品。

⑬ 对易燃、易爆、有毒、放射和腐蚀等物品，必须分类妥善存放，并设专人管理。易

燃、易爆等危险场所，严禁吸烟和明火作业。

⑭ 变配电室、空压室、锅炉房、油库、危险品仓库等要害部位，非岗位人员未经批准不得入内。在封闭厂房（空调、净化间）作业或夜间加班作业时，必须安排两人一起工作。

⑮ 生产过程发生有害气体、液体、粉尘的场所，必须采取相应的安全保护措施。

⑯ 搞好生产作业环境卫生，保持作业场所的安全通道畅通；现场物料堆放整齐、稳妥、不超高；及时清除作业场所的废物和工业垃圾。

⑰ 严格交接班制度，重大隐患必须记入施工记录。下班必须断开电源、气源，熄灭火种，并检查、清理场所。

⑱ 新安装的设备、新作业的场所及经过大修或改造的设施，需经安全验收后，方准进行生产作业。

⑲ 发生重大事故，要及时抢救伤员，保护现场，并立即报告领导和上级主管部门。

⑳ 各类操作人员除遵守本总则外，还必须遵守其他相应工种的安全操作规程。

2. 施工现场的一般注意事项

① 进场后，首先要了解并遵守用户、总包方对安全生产的有关规定，定期参加用户、总包方的安全例会，及时解决施工中所遇到的不安全因素和事故隐患。

② 作业人员须在安全通道内行走；凡有警示标志的地方，一定要遵守相关规定；无作业负责人的许可，不准进入"严禁入内"的区域和变电站。

③ 使用施工电梯时，要严格遵守现场施工梯使用规定，严禁超载、抢载和自行启动、使用。

④ 在平地搬运大型物件时，要注意配合，以防压伤手脚。在高处或井道内搬运物件，小物件需装入专用袋内，大物件需两人以上共同搬运。跨空送物品时，应注意作业人员的重心位置，谨防由于失去重心而导致人员坠落。传递物件或工具时，应确认下方无人。

⑤ 施工现场夜间作业，须向主管部门申报，并在施工现场配备充足的照明。

⑥ 节假日施工，需上报主管部门。

⑦ 井道层门预留口处严禁堆积易燃易爆和设加工场地，并设安全屏障，防止人员坠落。

3. 施工前的安全防护

① 施工前必须认真检查起重设备、电气设备、压力容器、手拉葫芦、吊装用钢丝绳等的完好程度，移动电具的绝缘电阻不应小于 $0.5M\Omega$，发现问题不得使用。

② 接到施工合同或任务单后，应会同用户、总包单位负责人到施工现场，根据合同或任务单的要求和现场的实际情况，采取切实可行的安全措施后，方可进行施工。

③ 作业时，必须穿戴规定的劳防用品（安全帽、绝缘鞋、安全带等），并检查其完好程度后正确使用。

④ 施工前需先做好安全标记及井道和机房孔洞的防护设施，以防有人或物件从孔洞中坠落，发生事故。

⑤ 安装、维修电梯时，坚决做到"四不"作业（不酒后作业，不违章作业，不冒险作业，不野蛮作业）。

⑥ 施工现场的办公室、机房、库房要做好"三关一锁"工作。

⑦ 每日开始作业前，作业组长必须对全体施工人员进行作业任务安全交底，直到大家了解后再作业，会议内容须记录在安全台账上。

4. 井道及机房内作业的安全要求

① 井道内应有足够的照明。移动照明必须用 36V 以下的低压安全灯，严禁使用 220V 电压照明。线路、插头、插座绝缘层均不得破损，防止漏电。

② 在井道脚手架上从事电焊、气割时，应事先办好动火手续，清除现场油类、回丝等可燃物品，并避开电线。操作时必须专人监护，备有必需的防火、灭火器材。乙炔发生器（瓶）、氧气瓶均按安全规定放置。电焊要戴电焊防护手套，防止触电、灼伤。工作完毕，严格检查现场，消除隐患。

③ 电源进入机房必须通知所有安装、维修人员，并进行认真检查。送电前必须通知所有有关人员，必要时应放置相应的警告牌，然后方可按工艺规定要求实施送电。

④ 在井道内作业，思想必须高度集中，上下人员应协调统一（高层应用对讲机联系）。工具、设备严禁随意堆放，严禁向下抛物。在施工进度允许下，实行上下层交叉作业方法。多层作业时，应采取有效的防范措施后方能施工。

⑤ 竖导轨前，需对脚手架进行清扫和检查。导轨搬入井道需拆除部分脚手架时，必须由脚手架搭建单位进行拆除，施工人员不得私自拆除脚手架，脚手架拆除部位要采取加固措施。导轨搬入井道后，脚手架要立即复原。导轨竖立施工中，要防止导轨坠落，必须有可靠的安全引吊装置。

⑥ 轿厢架拼装时，严格检查脚手架牢固情况，必要时要进行加固，即下梁下面放置枕木或 8♯槽钢（一端插入井道壁内，另一端放在层楼上），防止脚手架倒塌和轿厢架击伤人。在工作面以下的部位，应视情况放置安全网。起吊轿厢时，挂钩的钢丝与轿厢角相接触的部分用衬垫物进行保护。

⑦ 安全钳、限速器装置未装妥之前，严禁人工松闸移动轿厢，以防止轿厢坠落或冲顶。

⑧ 施工中严禁骑跨在电梯门内外进行操作或去触动电钮开关，以防轿厢移动发生意外。

⑨ 电梯层门拆除或安装前，必须在层门外设置安全遮栏，并挂上醒目的"严禁入内，谨防坠落"等警示牌。

⑩ 井道内放置对重铁时，应用手拉葫芦等设备进行吊装，当用人力搬运时应两人共同配合，防止对重铁坠落伤人。

5. 整机调试作业安全

① 电梯安装或维修完毕，必须进行全面的检查和调整。

② 试运行前清除一切不需要的物品，尤其要注意清除井道壁上有可能妨碍运行的突出部分。

③ 启动前必须确认机械、电气安全装置的工作状态良好，同时进行必要的清洁、润滑和调整工作。

④ 试车时，由专人负责，统一进行指挥。

⑤ 电梯调试时，应先慢速运行，确认状态良好后才能正常运行。试车中发现的问题要逐项调整，发现有重大问题和事故隐患时，要立即停车整改，直至安全可靠。

⑥ 未经政府部门验收合格及办理移交手续之前，一切与电梯安装、维修无关人员不得启动和操作电梯。

⑦ 电梯进入调试阶段，进入轿厢的工作人员必须看清楚轿厢所处的层楼位置，不准一开门就往里走。轿厢停妥之前，严禁从轿厢或轿顶跳进跳出（本项适用于维修人员）。

⑧ 电梯调试过程中，工作人员欲离开机房时，必须随手锁门。离开轿厢时，必须关好

层门和轿门，严禁与安装无关的其他人员启动电梯。

⑨ 同一井道内并列安装电梯时，应注意相邻电梯的运行。在试运行过程中，禁止从一台电梯的轿厢上跨越至另一台电梯上。

⑩ 调试运行作业，原则上要两人以上一组进行。调试运行中，要有一人处于可以随时操纵停止运行开关的状态。层门、轿门联锁原则上不应短接，特别注意使用短接线后要恢复原状态（拆除短接线）。

⑪ 安全回路，原则上不许短接，但是在作业进行过程中因工艺要求需要短接时，要用容易判别的方法进行，作业结束后马上恢复。另外，在短路状态的运行应以检修速度来运行。

⑫ 更换钢丝绳时，应该注意使用安全钳。电梯钢丝绳要定期进行检测，发现不符合要求应及时更换。

⑬ 进行安装、调试、维修需切断电源时，应在电源箱上挂上"有人作业，严禁合闸"的警示牌。

（二）三角钥匙的安全使用与管理

① 三角钥匙的持有者必须是具有劳动部门颁发的安全操作证的人员。

② 三角钥匙严禁借出。移交用户，必须在工程结束后，并要以书面形式写清注意事项。

③ 电梯运行中，严禁用三角钥匙开启层门。

④ 开启层门时，应看清轿厢是否停在此层。切勿用力过猛，失去平衡，致使发生意外。

（三）自动扶梯安装基本安全规程

① 自动扶梯安装前，施工人员应会同用户、总包单位有关负责人到场，根据合同要求及施工现场的实际情况，制定切实可行的吊装就位安全措施后方可进入现场施工。

② 在安装现场或近旁预先安排不小于 $200m^2$ 的空场，作为自动扶梯安装前的拼接场地。拼接时，周围应设警戒标志，非安装人员不得进入现场。

③ 自动扶梯骨架吊装就位时，应采取严密的安全措施，起吊时由专人统一指挥，防止发生事故。

④ 安装现场应用圈栏隔离，非施工人员不得进入施工现场。

⑤ 施工现场应有足够的照明。施工手持行灯应采用 36V 以下的低电压安全灯，操作移动电具时应正确使用漏电保护器，线路、插头、插座的绝缘层均不得破损。

⑥ 在施工现场从事电焊、气割作业时，应事先办好动火手续，清除现场油类、回丝等易燃物品，并避开电线，备好灭火器材，派专人监护。工作完毕要严格检查现场，清除事故隐患。

⑦ 曳引装置装入扶梯导轨时，应事先制定安全措施和准备好设备，装入过程中，特别注意安全，听从统一指挥，装入后即用绳索将链条固定，防止链条滑移伤人。

⑧ 安装钢化玻璃时，要轻搬、轻放，防止碰撞。压紧时，防止用力过猛而压碎玻璃伤人。

⑨ 自动扶梯制动力矩在出厂前已做设定，现场一般不再调整，应能在满载下降时保证制停扶梯的运行，但停车不宜过于猛烈。

⑩ 全部安装结束后，应进行下列工作：

a. 必须进行整机调整，试运行；

b. 要求将扶梯内的各物件清理干净，各润滑部位加油；

c. 检查各部位安全开关位置是否正确（驱动链断链开关，曳引链断链开关，扶手带断带开关）；

d. 进行断续开车试运行时，如发现异常声音及碰擦，应立即停车检查并进行调整，调试时变动的接线应在调试结束后恢复正常。

⑪ 自动扶梯在通电试运行时，应有专人负责电气开关，停止运转后应立即关掉或拔出插头。在施工中应关闸挂牌，以防运转伤人。

⑫ 未经验收交货的自动扶梯，一切与扶梯施工无关人员不得启动、乘载。

（四）库房安全管理

① 库房内应配置充足的消防器材，放在便于拿取的地方并有明显的标志。

② 灭火器材要定期进行检查，发现失效及时更换。

③ 库房内易燃物品和零部件应分类分开堆放，并堆放整齐。

④ 库房内应保持干净整齐，零部件摆放牢靠。

⑤ 库房内手持电动工具的购买、登记、保管、出借、维修，必须按企业规定执行，储存保管要做到账、卡、物三相符，并对手持电动工具进行定期检验。

⑥ 使用者不得擅自将手持电动工具借给他人。使用前必须自查是否完好。保管注意防潮，防止漏电。

⑦ 吊具应放置于库房固定的地方，不得随意扔放在地上或起吊物上。

⑧ 日常生活饮食、安全卫生：

a. 遵守现场的文明生产条例，不饮生水，不吃不洁食物，不乱倒垃圾；

b. 经常注意健康状况，如果身体不适，应在作业前向负责人提出，以便另做安排；

c. 整齐穿着指定的工作服，工作服经常保持清洁。

⑨ 搞好施工场所、库房及其周围的环境文明。

（五）安全组织保证

① 建立安全管理体系，绘制网络图。

② 与总包签订安全协议。

③ 作业人员应接受关于电梯安装工程的安全教育，并填写安全教育表。

④ 施工现场的安全值日员必须佩戴安全值日标志，并按规定进行安全记录。

⑤ 在作业用临时办公室中应有安全告示板，应写明作业指挥者及安全负责人姓名和联络地点，而且应将最近的急救医院所在地确认后予以注明。另外，在设有现场办公室时，应设有规定的急救箱。

⑥ 现场应有安全管理表、人员统计表，建立安全检查制度及定期召开安全会议。

⑦ 定期或不定期进行检查并及时提出整改意见。

（六）现场安全措施

① 在作业时应根据现场的指挥人员的指示进行，不应根据自身的判断或第三者的言行进行作业。

② 命令、指示、联系的信号要考虑到照明、视野、噪声等，要注意准确地传递。

③ 在高度超过 2m 的地方作业时，原则上应安装作业平台。如安装作业平台有困难，必须采用安全网和安全带。在使用安全带时，必须很好地检查安全带及挂吊设备的可靠性。

④ 高度或深度超过 1.5m，必须使用梯子。即使在 1.5m 以下，但认为有危险时，也应

使用梯子。严禁跳下梯子。

⑤ 作业时，脚跟和身体重心必须稳定，并应充分注意不可打滑。

⑥ 手拿工具、部件等时，不应上下梯子和舷梯。

⑦ 在使用磨削砂轮前，应试机 1min 以上方可使用。严禁使用磨削砂轮的侧面。

⑧ 作业时，除应注意不要让工具、部件等落下外，还应采取对物体落下危险的预防措施。

⑨ 施工中为了防止坠物，应在工作场地有可能受到坠物危险的空间架设防护网，或者安装规定的安全栅栏等。

⑩ 在接通、切断开关或上升、下降运转及进行停止等指示时，必须使用规范用语及动作，待对方重复后方可进行操作。

⑪ 发生紧急事件，项目经理应立即赶到现场指挥。

（七）防范明火注意事项

① 动用明火前应事先与用户和现场管理方取得联系，提出动火申请并在得到许可后，准备灭火器，并在相应场所进行施工。

② 作业前，应清除电梯作业场地周围的可燃物品。

③ 动火作业应在离开现场前 1 小时结束，结束后应进行确认。离开现场时应再一次确认有无火灾的危险（房间隔离板、保护板等）。

④ 使用电焊机、砂轮、高速切割机、气体焊接机等设备的时候，应事前检查有无引火物，同时应设有防止火星飞溅的板和防止火星下落的接火盆或桶。

⑤ 作业前应检查工作区域内是否有烟火报警装置和烟火喷淋，作业时应加以注意。

⑥ 进行油漆作业时，注意通风良好，禁止动火作业。

⑦ 仓库和休息室均需放置两个以上的消防器材。消防器材应定期检查完好程度，不合格者应立即更换。放置的消防器材应在便于拿取的地方，并应有明显的标志。

⑧ 不得在进行焊接、气割作业的下方作业。

⑨ 清扫导轨时，不准使用汽油，应使用规定的油类。

（八）规范用电要求

① 作业用电源使用指定电源，不应随意使用周围的其他电源或插座。

② 作业时，应充分应用作业现场的照明装置。若没有照明装置时，应以移动灯来照明作业场地以进行作业。

③ 作业灯应带有漏电保护装置及保护罩。

④ 作业灯、电灯开关箱的连接应使用橡皮绝缘线。

⑤ 软线类连接部分应用扎带牢靠地扎住。

⑥ 电源开关接通或切断，应在现场负责人发出信号并进行确认后进行。

⑦ 带电作业原则上不准进行，不得已时，必须佩戴安全防护用具，设立监护人后再进行。

⑧ 作业必须使用规定的移动开关。使用电动器具时，必须装漏电保护器及可靠接地。

⑨ 焊接接地线应可靠连接在指定的接线板上。

⑩ 连接端子应牢固、不松动。

⑪ 橡胶绝缘线接头必须采用焊接连接。

（九）易燃、易爆物品管理

① 氧气、乙炔等危险性气体不准擅自处理，应严格遵守有关操作规程，放在规定的地方，特别要小心不能让容器倒下撞击，在其附近不应放置可燃物体，并采取防止倒下措施，同时必须做好空罐和满罐的标记。

② 要经常检查气体有无泄漏和容器有无破损。

③ 易燃物品不准使用易损瓶。

④ 汽油、香蕉水等易燃易爆物品用于明火，应接受消防负责人的指示，采取防火措施。作业后应收拾干净，做到"落手清"（现场落手清工作是搞好项目现场场容场貌的基础）。

（十）发生灾害或紧急状况下遵守事项

在施工现场等发生下列灾害事态时，首先与就近人作第一联系，在迅速采取随机应变措施的同时，再向现场相关人员通报和向企业汇报：

① 有可能发生死亡事故时；

② 发生工伤时；

③ 发生灾害意外事故或有发生可能时；

④ 给第三者带来伤害时。

要做到：

① 记录何时、何地、何人及怎样发生的；

② 救出灾害人，保护第三者的人身财产，不要任意判断和随意治疗，在采取应急措施的同时，不管受伤程度大小，一定接受医院的治疗；

③ 给第三者带来伤害时，向第三者道歉的同时问清楚受害者的姓名和住址；

④ 及时做好记录以备查询。

（十一）特别提醒

① 安全帽、安全带，使用前应仔细检查，确保安全。

② 安装工具，应认真检查是否有破损并仔细校验。

③ 如身体欠佳，应向负责人提出申请，请求休息。

④ 作业过程中，绝对不要到指定场所以外的地方抽烟，不准随地乱扔烟蒂。

⑤ 无作业负责人的许可，不准进入禁止入内的区域和变电站等危险场所。

⑥ 进行危险作业时，一定要挂上明显的危险标志，必要时可设监护人。

⑦ 应经常注意头顶和脚下，保持正确的作业姿势。

⑧ 作业现场的照明要有足够的亮度，作业灯及其插头、插座、保险丝等电器具应使用正规产品。

⑨ 眼镜和口罩等安全用具，在特别强调时，一定要戴上。

⑩ 部件及工具夹要放置在指定的场所，不准随意堆放。

⑪ 交接工具、材料时要认真地进行，决不要乱扔。

⑫ 共同作业时，随时保持密切的联系，准确地按照作业负责人的意图工作。

⑬ 停电要随即将电源切断，以免电源突然启动造成危险。

⑭ 使用明火前，视具体情况向有关负责人提出申请，并备好灭火器等消防器材方可操作。动火结束后，动火人应确认剩火熄灭，再离开作业现场。

⑮ 处理易爆或易燃物品时，必须要严格按照有关规定和负责人的指示，严加注意。

⑯ 作业结束时，检查作业时有无余料，工具是否遗落在施工现场，工作应善始善终。

⑰ 再一次确认火烛。疏忽是最危险的。

⑱ 检查氧气、乙炔龙头是否忘关及拧紧与否。

⑲ 作业场地与办公室要经常搞好文明生产，烟灰缸里放水，烟蒂要倒在指定的场所。

⑳ 作业完全结束后要向负责人汇报。

㉑ 急救箱要放在人人都知道的地方。

㉒ 绷带、镊子、碘酒等消毒药品短缺与否要经常检查。

八、施工项目环境保护控制方案

（一）项目安装过程中的环境因素

① 电梯安装作业中具有温度、湿度等环境影响因素。

② 在电梯开箱过程中所产生的废弃木材类包装物、废弃塑料类包装物（如塑料袋，轿壁板保护膜等物品）、废弃铁皮类包装物、塑料泡沫类包装物等。

③ 在安装过程中，切割金属（如导轨支架、厅门门套固定件等）所产生的废弃边角料、制作钢丝绳绳头时多余的巴氏合金、废弃润滑油、油回丝以及除上述物品以外的各类固体废弃物等。

④ 在电梯安装作业过程中切割金属材料所产生的噪声。

（二）各类废弃物的收集、运输、保存、处理和记录

① 对于移交用户自行处理之物品的收集、保存、处理和记录。

② 对于木箱、铁皮、塑料泡沫、塑料等开箱包装物，应移交用户，并填写"产品安装作业废弃物移交单"。

③ 对于安装过程中暂时有利用价值的包装物（如用于放样的木箱方木），应妥善保存和利用，并在安装使用结束后移交用户。

④ 对于安装过程中产生的无利用价值的金属切割边角料、废弃润滑油、油回丝、固体垃圾等，必须在作业现场使用指定的容器进行收集、分类，做临时保存，定期或安装结束后一并移交用户并填写"产品安装作业废弃物移交单"。

⑤ 安装施工队伍在开工联系时，应要求用户提供废弃物临时存放场所。在移交用户处理前，必须定期清洁施工现场，保持周围环境的整洁，严禁将各种废弃物遗留在作业现场和其他未经许可的地方，严禁乱堆乱放，随意处置。工程本部安装部（委托安装单位）和负责施工员必须对作业现场进行检查，发现违章应做严肃处理。

⑥ 在移交过程中，协助用户做好废弃物回收工作，共同维护好工地现场的环境管理工作。

⑦ 对于多余的巴氏合金或其他有利用价值的废弃物（如剩余的安装辅料），由安装队妥善保存进行再利用；对用户无法处理的废弃物，要进行收集、分类，并临时存放于现场环保堆放点。

⑧ 在电梯安装工程结束后，安装施工队应及时将该类物品运送至工程本部安装部或各委托安装单位，并填写"安装作业废弃物回收登记表"。在运输途中，应防止丢失、扩散现象的发生。

⑨ 工程本部或各委托安装单位应派专人负责保管"电梯安装作业废弃物回收登记表"，并指定固定地点以设置收集容器，集中存放各种废弃物，并指定专人进行管理。

⑩ 对于有利用价值的废弃物，工程本部或各委托安装单位在清理分类后妥善保存，以

备需要时再利用。

（三）产品安装用金属材料切割噪声控制办法

① 电梯安装现场可能产生切割金属噪声的工作，如切割支架、钻孔等，应根据用户现场有关工作时间要求进行。一般情况下严禁在夜间施工。

② 切割金属材料的地点应注意远离居民生活区，切割时按照规范操作，尽可能不影响他人。

九、竣工移交注意事项

为了保证新安装的电梯能安全正常地运行，电梯移交后应明确向用户提出，必须采取如下管理措施，以免发生不必要的安全事故或元器件损坏。

① 对机房控制屏、曳引机、变压器、电抗器、限速器、电话机等器件进行保管，装门上锁，以避免被盗或遗失。如果对机房进行装修，则应对这些设备加以遮盖。

② 层门门套、厅门、召唤、轿厢等能妥善保管，以免划伤、敲坏。

③ 井道内不得进水、乱扔杂物，以免引起短路等事故的发生。

④ 移交贵方的电梯三角钥匙、电器钥匙、松闸扳手、盘车装置等安排专人保管，切勿乱借乱放。

⑤ 严禁电梯带病运行和超载运行。

⑥ 电梯驾驶员应持有劳动局颁发的电梯驾驶员操作证上岗。

⑦ 电梯维修保养人员应持有劳动局颁发的电梯维修保养操作证上岗。

⑧ 机房内的环境温度应该保持在 5～40℃ 之间，相对湿度不大于 35％（在 25℃时）。

⑨ 环境空气应不含有腐蚀性和易燃性气体和导电尘埃。

⑩ 机房内放置物品或装修应不影响电动机的正常通风。

⑪ 供电电压波动应在 ±7％ 范围内。

⑫ 电梯井道内不得装设与电梯无关的设备、电缆等（井道内允许装设采暖设备，但不能用热水或蒸汽作热源，采暖设备的控制与调节装置应装在井道外面）。

⑬ 应在机房入口处醒目的位置设置说明和使用须知，字迹应清晰工整。

十、起重、脚手架操作方案

（一）起重须知

① 使用起重机械在接近架设电线附近进行起吊作业时，应与现场主管联系，在确保安全的情况下方可进行作业。

② 重物的移动或起吊作业带有危险时要特别注意安全。作业现场应整理准备完成后再进行作业。

③ 起吊挂钩作业时，一定要由具有挂钩技能的专业人员进行作业。

④ 重物的重量应准确计算，钢丝绳的安全系数应取规定的数值。挂钩的钢丝绳及其端部必须采用双重放松措施。

⑤ 因为动载荷是危险的，作业时必须注意绝对不应产生冲击。

⑥ 搬运重物时，要和有关人员进行协商。装卸 100kg 以上重物时，应先指定指挥人员后方可进行作业。

⑦ 起吊时应合理配备人员。

⑧ 起重的涨紧轮下部应采用钢丝绳回绕器具。

⑨ 应定期检查绞车钢丝绳，并更换弯曲、磨损明显的钢丝绳。

⑩ 涨紧滑轮、绞车等传动部分应经常检查，并定期补充润滑油。

⑪ 钢丝绳挂好后，应检查制动器、重心和提升离地状态。

⑫ 外部起吊载荷、使用道路时，应得到相关部门的同意并设监护人员后方可进行作业。

⑬ 以正确的起吊角度起吊，而不使起吊载荷超重。吊货物时，钢丝绳外表渗出油粒时，多数是超过载荷，所以要更换钢丝绳。

⑭ 尖角货物的角容易损伤钢丝绳，故在起吊时一定要在易损伤钢丝绳的部位垫上"垫子"。

⑮ 尽量避免使用单根钢丝绳起吊货物。

⑯ 不要在钢丝绳的同一部位进行多次弯曲。

⑰ 钢丝绳有扭弯现象，要弄直后使用。

⑱ 要经常用钢丝刷等刷去钢丝绳外表的沙和灰尘，在钢丝绳外表涂上油脂。

⑲ 防止钢丝绳磨损、扭结、弯曲，不要在潮湿、高温、带酸等不通风的地方存放。

（二）脚手架安全规范

① 电梯安装应搭设脚手架，脚手架需由专业人员搭建，完成后经专业人员验收。验收合格挂牌后，方可使用。严禁使用不符合安全技术及未经验收挂牌的脚手架。

② 在作业过程中拆除或变更脚手架时，必须服从脚手架专业人员的指挥。

③ 严禁私自拆除脚手架。因作业需要而拆除的部分脚手架，在作业完成后应迅速恢复原状。

④ 搭设、拆除脚手架时应系好安全带。

⑤ 脚手架应是牢靠的结构，脚手架板应采用铁丝予以固定，且不应采用胶合板。

⑥ 脚手架爬梯应牢靠、固定且方便上下。

⑦ 不准将油桶、油箱等不安全物品放置在脚手架上。

⑧ 严禁在脚手架上进行气割作业。

（三）产品的起重准备

① 卸车 在货物到达现场后，由汽车吊吊放至平地。

② 盘路 将电梯部件箱放上木托板，由铁走管和卷扬机牵引至拼装位置（路面差的可沿路铺设路板，卷扬机可在就近的水泥立柱上生根）。

（四）产品的起吊

可利用空井道，在升降梯顶层楼面由卷扬机直接将部件箱吊至各安装点后，再妥善搬运至指定的堆放点保管（卷扬机可在就近的水泥立柱上生根，井道顶部需预留吊钩一只，具体承重见营业设计图）。

（五）起吊配备

① 人员配备 汽车吊专业起重人员和电梯专业起重人员。

② 机械配备 汽车吊、卷扬机等。

③ 工具辅具配备 钢丝绳、三门铁葫芦、导向滑轮、起吊用钢丝千斤、各种专用锁扣和木托板、铁走管、路板等。

（六）特别注意

① 由于电梯起重的特殊性和复杂性，以上涉及内容均为正常的操作程序。具体起重方案需待土建具备电梯安装条件时，经现场实地勘察后方能拟定，并将在正式实施中根据现场实际情况进行调整。

② 水泥立柱的受力点为立柱的根部。

思 考 题

4-1　简述施工组织设计的编制方法。

4-2　简述电梯施工组织设计的报审程序。

4-3　简述电梯施工组织设计的基本内容。

4-4　试绘制安装质量控制网络图。

4-5　试分析电梯施工流程。

4-6　试编制 3 层 3 站电梯施工的进度计划。

4-7　安装现场用户需要向安装人员提供哪些配合工作？

第五章　电梯维修保养施工组织和管理程序

第一节　电梯维修保养基础知识

一、目的和原则

（1）目的　提高维修服务质量，使用户委托维修的电梯处于正常安全运行的状态。

（2）原则　严肃履行各种类别的电梯维修合同，认真执行维修工艺，严格进行质量、安全管理。

二、术语、符号、代号

1. 电梯维修服务方式

对使用电梯的用户提供电梯维修服务方式，有保养、修理和急修（应急处理）三种。

（1）保养　应用户要求，与其订立"产品保养合同"之后，为保证电梯正常及安全的运行，由企业电梯维修人员依据保养合同和电梯保养工艺，按保养计划定期为用户提供清洁、润滑、检查、调整和更换易损件等服务。

（2）修理　当电梯使用到一定程度以后，依据电梯运行状况或乘客使用情况，以排除电梯运行故障和隐患、恢复电梯使用功能为目的而与用户订立"产品修理合同"，并由企业电梯修理人员按合同和电梯修理工艺，为用户提供服务。

（3）急修　由企业维修保养的电梯在运行过程中发生故障，用户来电、来人、来函要求企业急修中心或特约维修站立即派员解决而向用户提供应急处理的一种服务。

2. 维修部门

指企业的维修部门，负责维修业务及修理、保养和急修等工作。

3. 维修站

为建立快速服务响应机制，相对集中维修人员而在某一地区设立的服务点。

第二节　电梯维修保养管理内容与要求

一、保养

应用户要求，在与用户签订"产品保养合同"之后，由企业维修保养人员按合同要求，定期为用户提供维修保养服务。

（一）维修保养

（1）收集用户维修保养要求信息　由企业维保部业务员在查询本地区本企业用户资料后，对尚未与本企业建立业务关系的用户，采用电询、函询以及实地访问的方式，收集用户要求企业提供维修保养业务的信息。

（2）维修保养业务　电梯维修保养业务员，在接到用户要求企业提供维修业务的信息之后，即与用户约定日期，赴用户处了解用户的电梯的型号、规格、安装和使用电梯起始日期，电梯使用情况，并和用户洽谈维修价格、维修保养工作方式方法，要求用户配合事项等，在获得用户确认委托企业维修保养的承诺以后，与用户约定办理"电梯保养合同"签订手续。

（3）签订"电梯保养合同"　"电梯保养合同"由企业经授权的法人委托人负责填写签字盖章，交由用户确认签字盖章后送合同评审员。

（4）合同评审　接到"电梯保养合同"后，就以下四方面对合同进行评审：

① 是否使用标准合同文本，合同格式、内容及其条款是否规范；

② 合同内容填写是否完整；

③ 用户提出维修要求及商定的价格是否合理；

④ 用户提出的维修保养要求是否做得到，用户急修服务要求是否能满足。

经评审后的合同：

a. 若合格，则由评审员在"电梯保养合同"文本首页右上角做出"合格"标记并签署，然后将合同文本转交电梯维修保养主管人员；

b. 若不合格，则由评审员将"电梯保养合同"文本退还合同签订人，等合同签订纠正后再送交评审员进行复评。

（二）电梯保养任务移交工作

维修主管应仔细了解保养合同条款要求，根据电梯地址和维修站点分布情况，落实电梯保养人员，从而进入正式维修保养程序。

（三）电梯保养计划

维修部门参照"每月保养计划表"中各项目保养的周期要求和用户的时间要求，于每月30日前汇编成"月度保养计划"，下发至各维修站。

（四）保养工作实施

① 在保养合同实施前一周内，维修站站长须提前了解用户需求，根据用户现场基本情况和电梯使用情况，落实保养合同中有关条款和双方注意事项。

② 电梯保养人员根据"电梯维修工艺"的要求，在"月度保养计划"所规定的日期，按"电梯/自动扶梯保养作业报告"（借用表 QG/TS015YB08-03）所列的保养项目逐项实施。每次保养完成后，填妥"电梯/自动扶梯保养作业报告"，请用户代表签章并将其中一联带回存档。

③ 若在保养中需更换零部件，则应根据不同保养形式做相应处理。更换后必须在"电梯/自动扶梯保养作业报告"上做好详尽记录。

④ 保养人员于每月2日之前将自己上月实施保养时填写的"电梯/自动扶梯定期保养工作单"和"电梯/自动扶梯保养作业报告"经维修站站长确认后交企业维保部门。

⑤ 维修部门应及时将"电梯/自动扶梯保养作业报告"按"一户一档，一机一卡"的要

求归档。

（五）保养工作检查考核

① 保养工作实施情况由部门经理每月制定"维修质量检查计划"，由质检人员按计划对保养后的电梯进行抽查，并填写"升降梯/自动扶梯保养质量检查单"。

② 维修主管或站长对保养人员的工作质量、工作效率和现场服务规范等内容进行检查和监督。

③ 检查考核的依据

a. 根据"电梯/自动扶梯保养作业报告"的实施情况。

b. 根据"电梯/自动扶梯保养质量检查单"汇总的保养质量统计。

c. 根据"电梯急修任务单"汇总的急修统计。

d. 根据与保养质量有关的用户表扬和抱怨情况。

e. 根据用户、政府电梯主管部门或其他渠道的质量反馈信息。

f. 根据电梯保养合同流失情况。

二、修理

应用户的要求，在与用户签订"电梯修理合同"之后，由企业电梯修理人员按合同为用户提供修理服务，以排除电梯故障，恢复电梯使用功能。

（一）修理前的任务

电梯修理项目负责人根据修理合同和计划要求，进行修理用材料、零部件及工具准备。必要时还须派人到现场了解电梯使用及故障情况、用户对修理的要求，并以此草拟修理方案。

（二）现场修理

① 修理人员到达用户单位后，由修理项目负责人带领察看电梯修理现场，全面检查电梯运行故障及损耗情况，并与用户一起落实电梯修理项目及具体措施（含安全措施）。

② 根据电梯修理项目，检查修理用物资的准备情况。若发现缺损，即由修理项目负责人与修理主管联系，进一步落实直到满足修理需要为止。

（三）实施修理

① 修理项目负责人根据"电梯维修工艺"及确定的电梯修理项目，组织修理人员实施现场修理。

② 现场调试。

③ 经与用户代表现场调试验收后，由修理项目负责人填写"电梯修理完工报告单"（借用 QG/TS015YB08-06），经用户代表签章后报企业维修主管人员。

（四）评价和考核

维修主管人员接到修理项目负责人送交的"电梯修理完工报告单"后，经过一个月左右运行考核，视用户对此电梯修理质量反馈质量情况，做出对此修理项目的综合评价意见，并以此作为对修理人员的考核依据。

三、急修

① 维保站在接到用户的报修信息后，立即登录在"24小时急修服务登记表"。

② 根据用户提供的信息，由急修中心电话通知有关维修站急修人员，并说明用户单位、

地址、电梯梯号、要求到达时间等项目，完成派工工作。

③ 急修人员到达用户单位后，首先察看现场，落实现场安全措施，然后再实地了解故障情况，分析产生故障原因，制定排除故障方案，以最快的速度、最安全的措施排除故障。

④ 急修完工后，急修人员在"电梯急修任务单"（借用表 QG/TS015YB08-08）上须填写电梯修理情况简要说明。该"电梯急修任务单"须经用户代表签名确认。

a. 若该故障是产品质量之外的原因造成，则根据电梯损坏情况确定相应的修理工作量，并在"电梯急修任务单"中予以注明，以便统一结算费用。

b. 若该故障是产品质量或安装质量原因造成，且该故障电梯属保质期内，则需办理"三包"手续，具体实施步骤见"产品保质期服务程序"。如该故障电梯超出保质期范围，且用户无法全部甚至部分承担修理费用时，由维修人员填写"工作联系单"，经维修部门核实后报企业售后服务部，由其协调后予以妥善处理。

第三节　电梯维修保养质量检查与监督管理

一、主题内容和适用范围

① 本程序规定了电梯、自动扶梯产品维保、质量监督的基本要求。
② 本程序内容包括产品保养的日常抽查和监督管理。
③ 本程序适用于电梯和自动扶梯等产品。

二、引用标准

ISO 9000：2015　质量管理体系　基础和术语
ISO 9001：2015　质量管理体系　要求

三、术语、符号、代号

（1）产品维修保养　是指在电梯交付使用后，为保证电梯正常及安全运行而按计划进行的所有必要的操作，如调整、润滑、检查、清洁等。维保还应包括设置、调整操作及更换易损件的操作，这些操作不应对电梯的特性产生影响。

（2）重要客户　与企业签订保养合同 10 台电梯以上或国家重点工程项目的电梯及其他具有特殊影响的客户。

四、目的和原则

（1）目的　加强产品维保质量的控制，提高企业维保质量水平。
（2）原则　加强维保质量的日常监督和考核。

五、产品维保质量监督程序

1. 抽样确定检查电梯范围

由维保部监督抽查人员在季度维保计划中随机抽样，根据维保总台数抽取的产品，并确定所查产品的地区、数量、型号、用户类型等范围。

2. 产品和自动扶梯维保实物质量检查

① 按照"电梯/自动扶梯保养质量检查单"和"升降梯保养质量检查单"中的内容，对

被抽查的产品进行逐项检查、评分。在检查过程中，如发现评定为不合格或不满意的项目，将其填入"产品维保实物质量检查项目整改意见单"。

②　实物质量评定原则　评定项目分为两类：一类为完成程度类项目，另一类为完成性质类项目。

a. 对于完成程度类项目，评定分为满意、一般、不满意三挡，满意得满分（针对每项相应分值来说，以下同），一般得满分的 60%，不满意得零分。

b. 对于完成性质类项目，评定分为合格、不合格两挡，合格得满分，不合格得零分。

3. 必查项目

凡产品维保实物质量检查表（电梯、自动扶梯）中打"＊"者作为每次必查项目，其余为非每次必查项目。对于非每次必查项目，每次至少抽查其中 1/3 的项目数。

4. 完成程度类项目评定原则

满意：维保项目完全符合要求。

一般：维保项目有一处不符合要求。

不满意：维保项目有两处及其以上不符合要求。

5. 完成性质类项目评定原则

合格：维保项目符合要求。

不合格：维保项目不符合要求。

6. 实物质量检查总分

被抽查和必查的单项质量实际得分值累加除以这些项目分值之和后的百分数，即为该梯实物质量检查总得分，以下式表示：

实物质量检查总分＝(∑各被查单项实际得分)/(∑各被查项目对应分值)×100(分)

六、质量指标考核

每年由维保部主管制定维保质量总分的指标分数，经企业领导批准后发布。

思　考　题

5-1　简述电梯维修保养工作程序。

5-2　电梯维修保养合同的评审如何进行？

5-3　电梯维修保养质量如何进行监督？

5-4　试叙述电梯急修程序。

第六章　电梯工程大修改造施工组织、管理和质量监督

一、基础知识

为提高电梯（包括垂直电梯、杂物电梯、自动扶梯和自动人行道）大修改造的施工质量，满足用户的需求，对电梯大修改造项目工程进行组织、计划、控制、调度、验收及监督等管理工作，企业需要制定电梯大修改造相关作业规定与要求。

2019年1月28日，市场监管总局关于调整《电梯施工类别划分表》（国市监特设函〔2019〕64号）的通知：为深入贯彻"放管服"改革要求，进一步规范电梯安装、改造、修理、维保等行为，降低企业施工过程的制度性交易成本，市场监管总局对《电梯施工类别划分表》进行了调整。调整后的《电梯施工类别划分表》自2019年6月1日起施行，原《电梯施工类别划分表（修订版）》（国质检特〔2014〕260号）同时作废。

新发布的《电梯施工类别划分表》对电梯安装、改造、修理、维护保养行为做出了具体地规定，其中电梯重大修理、改造行为界定如表6-1所示。

依据表6-1中所述内容，将改造和重大修理的名称采用如下定义。

改造指对电梯原设计加以变更或改进，使其适应技术进步、提高性能、安全可靠所进行的维修工程。

重大修理指当电梯原主机与电控等设备磨损严重或性能全面下降时，应对其各部位进行拆卸、清洗、调整，对老化或损坏严重的设备、配件需要更换的维修工程。

二、内容与要求

曳引与强制驱动电梯、杂物电梯、自动扶梯和自动人行道等大修或改造作业规范，由企业组织编写。由此，企业针对本企业的特点及产品要求，并依据相关产品实施的相关标准和规范，制定一系列大修改造的实施程序与规定。具体大修或改造前，应按照企业作业指导书等程序和方法，结合设备的安装说明书等随机技术资料和拟大修设备及施工现场的实际情况，编制详细的大修施工方案（即大修项目施工组织设计）。

三、规范与标准

①《中华人民共和国特种设备安全法》（国家主席令第4号）

②《电梯监督检验和定期检验规则—曳引与强制驱动电梯》TSG T7001—2009及其第3

表6-1 电梯施工类别划分表

施工类别	施工内容
安装	采用组装、固定、调试等一系列作业方法,将电梯部件组合为具有使用价值的电梯整机的活动,包括移装
改造	1. 改变电梯的额定(名义)速度、额定载重量、提升高度、轿厢自重(制造单位明确的预留装饰重量或累计增加/减少质量不超过额定载重量的5%除外)、防爆等级、驱动方式、悬挂方式、调速方式或控制方式。 2. 改变轿门的类型,增加或减少轿门。 3. 改变轿架受力结构,更换轿架或更换无轿架式轿厢
修理	修理分为重大修理和一般修理两类。 1. 重大修理 (1)加装或更换不同规格的驱动主机或其主要部件、控制柜或其控制主板或调速装置、限速器、安全钳、缓冲器、门锁装置、轿厢上行超速保护装置、轿厢意外移动保护装置、含有电子元件的安全电路、可编程电子安全相关系统、夹紧装置、棘爪装置、限速切断阀(或节流阀)、液压缸、梯级、踏板、扶手带、附加制动器。 (2)更换不同规格的悬挂及端接装置、高压软管、防爆电器部件。 (3)改变层门的类型,增加层门。 (4)加装自动救援操作(停电自动平层)装置,能量回馈节能装置等,改变电梯原控制线路的。 (5)采用在电梯轿厢操纵箱、层站召唤箱或其按钮的外围接线以外的方式加装电梯IC卡系统等身份认证方式 2. 一般修理 (1)修理或更换同规格不同型号的门锁装置、控制柜控制主板或调速装置。 (2)修理或更换同规格的驱动主机或其主要部件、限速器、安全钳、悬挂及端接装置、轿厢上行超速保护装置、轿厢意外移动保护装置、含有电子元件的安全电路、可编程电子安全相关系统、夹紧装置、限速切断阀(或节流阀)、液压缸、高压软管、防爆电气部件、附加制动器等。 (3)更换防爆电梯电缆引入口的密封圈。 (4)减少层门。 (5)仅通过在电梯轿厢操纵箱、层站召唤箱或其按钮的外围接线方式加装电梯IC卡系统等身份认证方式
维护保养	为保证电梯符合相应安全技术规范以及标准的要求,对电梯进行的清洁、润滑、检查、调整以及更换易损件的活动,包括裁剪、调整悬挂钢丝绳,不包括上述安装、改造、修理规定的内容。 更换同规格、同型号的门锁装置、控制柜的控制主板或调速装置,修理或更换同规格的缓冲器、梯级、踏板、扶手带,修理或更换围裙板等实施的作业视为维护保养

号修改单

③《电梯监督检验和定期检验规则—自动扶梯与自动人行道》TSG T7005—2012 及其第 3 号修改单

④《电梯监督检验和定期检验规则—杂物电梯》TSG T7006—2012 及其第 2 号修改单

⑤《电梯制造与安装安全规范》GB 7588—2003 及其第 1 号修改单

⑥《自动扶梯和自动人行道的制造与安装安全规范》GB 16899—2011

⑦《杂物电梯制造与安装安全规范》(GB 25194—2010)

⑧《特种设备生产和充装单位许可规则》TSG 07—2019 附件 G、附件 M

四、施工前准备工作

① 确定大修施工任务后,工程部项目负责人应当会同质检部专职检验员对拟大修的设备进行全面检查,勘查施工现场,编制具体的施工方案。

② 施工前,质检部应安排专门人员到设备安装地的市场质量监督部门办理开工告知手

续。办理手续时应当至少准备以下资料：

　　a. 施工方案；

　　b. 填写开工告知书，至少一式三份；

　　c. 公司许可资格证书复印件（加盖公司印章并注明使用工程名称及有效期）；

　　d. 施工人员的作业证书复印件；

　　e. 必要时还应当根据当地质监部门的要求，准备拟大修设备的使用登记资料或上周期检验报告等设备资料。依法需要原电梯使用单位授权和同意的，应当取得电梯使用单位的书面授权文件。

　　③ 质检部或工程部专门人员在开工告知后，开始施工前，到当地特种设备监督检验机构申报过程监督检验。申报监督检验，除带齐上述相关资料外，还应当提供质量技术监督部门同意受理的开工告知证明及监督检验申请书、大修施工方案、拟大修设备的制造单位的设备生产证明及产品合格证明、使用登记资料或上周期检验报告等设备技术资料，如果可能，应当在施工前了解当地申报监督检验的要求，并按要求做好相应的准备，检验机构受理后，按其要求做好施工监督检验准备。

五、大修施工过程实施要点

（一）大修施工方案的编制

1. 收集用户需求

工程部负责用户需求的收集和记录。

2. 拟大修电梯技术资料和运行状况的调研与分析

　　① 工程技术部根据用户的需求，对拟改造、大修电梯进行现场勘查，分析运行状况，找出拟大修电梯存在的安全隐患和不合格项目。

　　② 收集拟大修电梯的技术资料并保存。

　　③ 提出大修需更换的零部件清单。

3. 大修方案的制订

　　① 工程技术部根据用户需求和勘查收集到的资料，结合相关法规和标准的要求，制订大修方案。

　　② 大修方案应至少包括以下内容：

　　a. 拟大修电梯当前的安全和运行状况描述；

　　b. 大修后达到的效果及安全状况评估；

　　c. 大修前后的主参数，曳引电梯包括额定速度、额定载重量、层站数、提升高度、控制和拖动方式，自动扶梯和自动人行道包括额定速度、输送能力、提升高度、电机功率、控制和拖动方式、噪声等；

　　d. 有关设计图纸及说明；

　　e. 必要的设计计算，如曳引能力的设计计算、曳引绳在曳引轮槽的比压计算、梯级链强度、电动机功率、主驱动链强度等的设计配置等；

　　f. 更换和新增零部件清单；

　　g. 施工流程图及工期计划；

　　h. 土建工程改造要求、拟撤除设备或部件的技术及安全要求；

　　i. 技术人员、作业人员及工装仪器设备配置；

j. 编制依据。

（二）大修施工方案的评审

① 工程技术部组织相关部门和技术人员对大修方案进行评审。

② 评审的主要内容：

a. 大修方案的设计、图纸、计算等符合相关法规和标准的要求；

b. 大修方案内容符合用户需求；

c. 大修方案结合拟改造设备和现场条件的合理性和性价比；

d. 大修需更换的零部件易于采购；

e. 大修方案符合安全监管部门的要求。

（三）大修施工方案的确认

大修施工方案经内部评审后，应当提交客户确认。对客户提出的修改意见，方案编制人员应当进行沟通和修改，并根据情况再次评审和签字。

（四）大修施工方案的审批

评审和确认后的改造、大修方案应由工程技术部负责人审核，技术负责人批准后方可申报实施。

大修方案的评审、确认、审批记录应当存档保存。

（五）大修施工过程的控制

1. 零部件采购或加工

① 大修的零部件采购按公司程序控制，零部件的供应商必须从《合格供方名录》中选取。

② 零部件加工严格按大修方案的相关图纸实施。

③ 主要零部件采购选型应考虑的因素，例如：

a. 驱动主机。

b. 控制柜。

c. 链条。

d. 主、副轮。

e. 扶手带。

f. 梯级。

2. 零部件检验及试验

① 大修采购或加工的零部件应进行检验或试验。

② 安全关键部件须有型式试验证书和报告副本。

3. 大修施工其他要求

① 大修施工包括旧件的拆卸、新件安装和调试。旧件拆卸时应做好标识，保管好相关连接件。

② 新件安装和调试按相应电梯的安装作业指导书要求进行。

4. 大修电梯检验与验收

大修电梯的检验、验收规定及要求按企业相关的检验程序和作业指导书进行控制。

六、大修施工注意的问题

① 施工队进场施工前，工程部应当安排人员对施工队所有成员进行安全技术交底，明

确有关安全规定和技术要点。

② 大修施工中在作业指导书或施工方案规定的关键工序及监检机构规定的停止点时，必须由公司质检部专职检验员检验合格后（监检机构规定的停止点还须有监检员确认合格），工程队才能继续施工。

③ 施工队对每道工序必须做好自检工作，并配合专职检验员和监督机构监检员对关键工序和停止点进行检查，对专职检验员和监检员提出的问题，必须认真整改合格。

④ 只有在整改项目全部合格，监督机构监检合格并取得合格证书后，才能办理设备交接手续。

七、大修施工的主要内容

对现有、在用电梯的大修大致可以分为以下几方面。

1. 额定速度的改变

一般改变额定速度均是对提高运行速度而言。多数是由于建筑使用条件的改变致使客流增大，而在原建筑面积上无法安排新电梯的位置的情况下，提出提高额定运行速度。考虑提高额定运行速度，就必须考虑原参数是否符合国家标准《电梯主参数及轿厢、井道、机房的型式和尺寸》的要求，更换有关的主要设备。

a. 曳引机：包括减速机、曳引电动机、制动器、曳引轮和速度测量装置，并相应地将机房承重梁重新安装布置。

b. 限速器：包括底坑内的保险绳的张紧装置。

c. 安全钳：需相应地改变安全钳在轿厢架的安装。

2. 额定载重量的改变

额定载重量的改变是为了增加载货电梯的运载能力来适应运载货物的需要，而乘客电梯是由乘客所占面积来决定的，一般不允许改变，但无论如何改变额定载重量，为防止由于人员增加引起超载，轿厢的有效面积应符合额定载重量与轿厢最大有效面积的关系，及乘客数量与轿厢最小有效面积的关系。

3. 电梯行程的改变

在建筑物基础坚固有裕度的情况下，将建筑增加几层以扩大使用范围，对原有电梯也相应地增加层站和行程，这样的改造工程比较艰苦，必须考虑各种配套零部件、器件的增加、更换、改变。

4. 更换锁闭装置的类型

锁闭装置是电梯各层层门必备的安装装置，它与自动开关门机构、轿厢上的系合装置、在层门上的位置、层门的强迫关门装置、轿厢地坎与层门地坎之间的距离有直接关系。层门是乘客进出电梯轿厢的必经途径，而且各层层门均须设有锁闭装置，每次均随开、关门动作，发生故障的概率较其他部件多些。锁闭装置的工作安全、可靠性与电梯的故障有直接关系。

5. 拖动和控制系统改变

拖动和控制系统的目的是为了改善乘坐舒适感，提高平层准确度，提高电梯的运行效率，节约能源。由于电子技术方面的进步，开发了多种拖动控制系统，基本都满足要求。但我国电力能源紧张，因此选取拖动控制系统既要考虑用户利益，又要绿色环保。

6. 开门机构系统改变

部分旧梯开门机结构在设计上略有些不合理，调整部位多，若调整配合不当就容易发生故障或损坏。如部分国产旧电梯开门机构调整不当，很容易使门臂折断，电气方面又受电压波动影响，开、关门速度时快时慢，产生故障，影响了用户的日常使用。因此可提出在不改变轿厢结构的情况下改造自动开关门系统，并改变与之配合的层门锁门装置、强迫关门装置。

7. 采用 PLC 控制系统或微机控制系统取代原来的控制系统

旧式继电器控制、电子分立元件控制有元器件多、控制结构复杂、接触式触点可靠性差、故障率高、噪声大、功耗高等明显缺点，并伴随有机械式选层器容易磨损，已不适应现代需求，正逐渐被人们所淘汰。

① 近几年电子技术、微处理器在电梯上得到广泛应用。采用进口的可编程序控制器 PLC，根据电梯控制要求，可编制特性和功能与原有电梯基本一致或功能更完备的软件程序。当设计人员编制好一个较完备的软件程序，经调试人员调试完毕运行，软件程序的出错率几乎为零。对于客户提出的特殊功能也可方便地实现，使得 PLC 在改造中收效明显。

② 最新控制技术选用微机（CPU）控制方式。随着 CPU 或双 CPU 的功能不断增强，电梯应用微机技术已跨出简单逻辑范畴，进而发展为与各种系统配合，具备并联、群控功能和远程监控功能，使维修人员在故障未发生时已防患未然。

8. 变频驱动系统的选择是改造的关键

用户使用电梯已不单是作为简单的交通工具，而是追求电梯的舒适感，追求电梯使用效率，较关心养护与费用问题。

双速旧梯采用交流变极调速，虽然控制简单，但舒适感差，已不能满足需要。因此，应采用变频调速器改造控制系统。变频变压调速启动电流较小，且舒适感良好。变频器使电动机在第三、四象限运行，制动时有再生反馈，使得系统耗能比原来少。同时采用隔离方法防止高频干扰，降低噪声，减少对大楼内其他电气、电子设备和人体的影响，成为绿色工程。

此外，还可加装 IC 卡，加装停电应急平层装置等。

八、大修改造检验规定与要求

（一）摘录 GB 7588—2003《电梯制造与安装安全规范》相关要求及规定

16.3.3.2　重大改装或事故后的检验

重大改装或事故后，应对电梯进行检验，以查明电梯是否仍符合本标准。此检验应按附录 E 的要求进行。

附录 E（提示的附录）

定期检验、重大改装或事故后的检验

E2　重大改装或事故后的检验

电梯的重大改装和事故均应记录在 16.2 规定的记录本或档案的技术部分。

特别指出，以下情况均应视为重大改装：

a）改变：

额定速度；

额定载重量；

轿厢质量；

行程。

b) 改变或更换：

门锁装置类型（用同一种类型的门锁更换，不作为重大改装）；

控制系统；

导轨或导轨类型；

门的类型（或增加一个或多个层门或轿门）；

电梯驱动主机或曳引轮；

限速器；

轿厢上行超速保护装置；

缓冲器；

安全钳。

为了进行重大改装或事故后检验，应将有关文件和必要的资料提交负责检验的人员或部门。

上述人员或部门将合理地决定对已改装或更换的部件进行试验。

这些试验将不超出电梯交付使用前对其原部件所要求的检验内容。

16.2 记录

电梯最迟到交付使用时，电梯的基本性能应记录在记录本上，或编制档案。此记录本或档案应包括：

a) 技术部分：

1) 电梯交付使用的日期；

2) 电梯的基本参数；

3) 钢丝绳和（或）链条的技术参数；

4) 按要求（见 16.1.3）进行认证的部件的技术参数；

5) 建筑物内电梯安装的平面图；

6) 电气原理图（宜使用 GB/T 4728 符号）。

电气原理图可限于能对安全保护有全面了解的范围内，缩写符号应通过术语解释。

b) 要保留记有日期的检验及检修报告副本及观察记录。

在下列情况，这些记录或档案应保持最新记录：

1) 电梯的重大改装 [附录 E（提示的附录）]；

2) 钢丝绳或重要部件的更换；

3) 事故。

16.1.3 应提供下述有关型式试验证书的复印件：

a) 门锁装置；

b) 层门耐火试验证书（如有防火要求时）；

c) 安全钳；

d) 限速器；

e) 轿厢上行超速保护装置；

f) 缓冲器；

g) 含有电子元件的安全电路。

（二）摘录 GB 16899—2011《自动扶梯和自动人行道的制造与安装安全规范》相关要求及规定

6.2　数据、试验报告和证书

制造商应有下列文件：

a）桁架的应力分析；

b）直接驱动梯级、踏板或胶带的部件（例如：梯级链、齿条）具有足够抗破断强度的计算证明；

c）有载自动人行道的制停距离计算（见 5.4.2.1.3.4）及调整数据；

d）梯级或踏板的试验证明文件：

e）胶带的破断强度证明文件；

f）围裙板摩擦系数的证明文件（如果有）；

g）踏面（梯级、踏板、楼层板和不包括梳齿板的梳齿支撑板）的防滑性能证明文件（如果有）；

h）制停距离和减速度值的证明文件；

i）电磁兼容性的证明文件（如果有）。

7.3　检验与试验

7.3.1　通则

自动扶梯和自动人行道在第一次使用前，或经重大改装后，以及正常运行一段时间后，应进行检验。上述检验与试验应由胜任的人员进行。

7.3.2　竣工检验、验收检查及试验

竣工检验、验收检查及试验应在自动扶梯或自动人行道安装完毕的现场进行。

为进行竣工检验、验收检查及试验，应有 6.2 中规定的资料。此外，还应有土建布置图、设备说明书和布线简图（带图示或说明的电流流向图及端子连接图），以便检查是否符合本标准规定。

竣工检验包括已安装竣工的设备的有关数据是否符合规定，以及是否符合本标准所规定的有关制造与安装要求。

验收检查和试验包括：

a）整体外观检查；

b）功能试验；

c）电气安全装置动作的有效性试验；

d）对空载自动扶梯或自动人行道进行制动试验，以确定是否符合所规定的制停距离（见 5.4.2.1.3.2 和 5.4.2.1.3.4）。有必要根据 6.2 c）中的计算值对制动器的调整情况进行检验。

此外，对自动扶梯应进行制动载荷（见 5.4.2.1.3.1）情况下的制停距离试验。除非制停距离可以通过其他方法验证。

e）测量不同回路导线与地之间的绝缘电阻（见 5.11.1.4）。在做这一测量时，电子元件应予断开。

应进行自动扶梯或自动人行道驱动站处的接地端子与其他容易意外带电零部件之间连接的电气连续性试验。

7.3.3　重大改装后的检验和试验

重大改装是指诸如安装位置、速度、电气安全装置、制动系统、驱动装置、控制系统、梯路系统、桁架和扶手装置等的改变。只要适用，就应遵循上述竣工检验、验收检查及试验的原则（见 7.3.2），对新的环境、改装部件和其他受影响的部件进行检验。

用同一设计的零件进行更换不视为重大改装。

九、文件和记录

在电梯大修改造施工组织和管理的过程中，为确保大修改造施工项目有效实施，满足用户的需求，同时还要注重企业的经济效益，由此，企业在运作过程中，务必按照相关文件与记录等实施及记载并存档。下面提出企业通常所制定并需要执行的相关文件及记录（表）：

①《电梯安装、修理、大修过程控制程序》

②《电梯大修改造作业指导书》

③《自动扶梯和自动人行道大修改造作业指导书》

④《大修改造施工验收规范》

⑤《大修改造施工方案》

⑥《大修改造施工自检报告》

思　考　题

6-1　什么是电梯改造、重大修理的定义？各列出 3 项内容。

6-2　简述电梯大修施工过程实施要点有哪些？

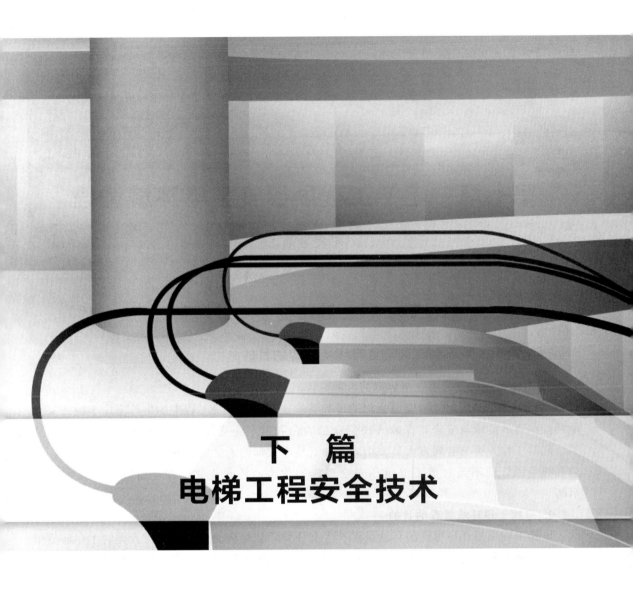

下 篇
电梯工程安全技术

第七章　电梯工程项目安全与环境管理

第一节　职业健康安全与环境管理

一、电梯工程职业健康安全与环境管理的目的

1. 电梯工程职业健康安全管理的目的

电梯工程项目职业健康安全管理的目的是防止和减少电梯工程中的生产安全事故，保护电梯操作者的健康与安全，保障人民群众的生命和财产免受损失。控制影响工作场所内员工、临时工作人员、合同方人员、访问者和其他有关部门人员健康和安全的条件和因素，考虑和避免因管理不当对员工健康和安全造成的危害，是职业健康安全管理的有效手段和措施。

2. 电梯工程环境管理的目的

电梯工程项目环境管理的目的是保护生态环境，使社会的经济发展与人类的生存环境相协调。控制作业现场的各种粉尘、废水、废气、固体废弃物以及噪声、振动对环境的污染和危害，考虑能源节约和避免资源的浪费。

二、电梯工程职业健康安全与环境管理的任务

职业健康安全与环境管理的任务是组织（企业）为达到电梯工程的职业健康安全与环境管理的目的而进行的组织、计划、控制、领导和协调的活动，包括制定、实施、实现、评审和保持职业健康安全与环境方针所需的组织结构、计划活动、职责、惯例、程序、过程和资源。不同的组织（企业）根据自身的实际情况制定方针，为实施、实现、评审和保持（持续改进）其方针，需要进行以下管理工作：

① 建立组织机构；

② 安排计划活动；

③ 明确各项职责及其负责的机构或单位；

④ 确定实现的过程（任何使用资源输入转化为输出的活动可视为一个过程）；

⑤ 提供人员、设备、资金和信息等资源。

对于职业健康安全与环境密切相关的工作任务，可一同完成。

三、电梯工程健康安全与环境管理的特点

电梯产品的固定性和生产的流动性及受外部环境影响因素多，决定了健康安全与环境管理的复杂性。

1. 电梯安装过程中生产人员、工具与设备的流动性

主要表现为：

① 同一工地不同建筑之间流动；

② 同一建筑不同建筑部位间流动；

③ 一个电梯工程项目完成后，又要向另一新项目动迁的流动。

2. 电梯工程的连续性和分工性

这决定了职业健康安全与环境管理的协调性。电梯不能像其他工业产品一样可以分解为若干部分同时生产，而必须在同一固定场地按严格程序连续生产，上一道程序不完成，下一道程序不能进行，上一道工序生产的结果往往会被下一道工序所掩盖，而且每一道程序由不同的人员和单位来完成。因此，在职业健康安全与环境管理中，要求各单位和各专业人员横向配合和协调，共同注意安装生产过程接口部分的健康安全和环境管理的协调性。

3. 产品的委托性

它决定了职业健康安全与环境管理的不符合性。电梯产品在生产前就确定了买主，按用户特定的要求委托进行生产。而电梯工程市场在供大于求的情况下，用户经常会压低标价，造成生产单位对健康安全与环境管理费用投入的减少，不符合健康安全与环境管理有关规定的现象时有发生。这就要用户和安装单位都必须重视对健康安全和环保费用的投入，不可不符合健康安全与环境管理的要求。

4. 电梯工程的阶段性

它决定职业健康安全与环境管理的持续性。一个电梯工程项目从准备到投产使用，要经历三个阶段，即施工阶段、使用前的准备阶段（包括竣工验收和试运行）和保修阶段。这三个阶段都要十分重视项目的安全和环境问题，持续不断地对项目各个阶段可能出现的安全和环境问题实施管理。否则，一旦在某个阶段出现安全问题和环境问题，就会造成投资的巨大浪费，甚至造成工程项目的夭折。

第二节　电梯工程安全生产管理

一、安全生产的概念

安全生产是指使生产过程处于避免人身伤害、设备损坏及其他不可接受的损害风险（危险）的状态。不可接受的损害风险（危险）通常是指：超出了法律、法规和规章的要求，超出了方针、目标和企业规定的其他要求，超出了人们普遍接受（通常是隐含的）的要求。因此，安全与否要对照风险接受程度来判定，是一个相对性的概念。

二、安全控制的概念

安全控制是对生产过程中涉及的计划、组织、监控、调节和改进等一系列致力于满足生

产安全所进行的管理活动。

三、安全控制的方针与目标

1. 安全控制的方针

安全控制的目的是为了安全生产，因此安全控制的方针也应符合安全生产的方针，即"安全第一，预防为主"。

"安全第一"是把人身的安全放在首位，安全为了生产，生产必须保证人身安全，充分体现了"以人为本"的理念。

"预防为主"是实现"安全第一"的最重要手段，采取正确的措施和方法进行安全控制，从而减少甚至消除事故隐患，尽量把事故消灭在萌芽状态，这是安全控制最重要的思想。

2. 安全控制的目标

安全控制的目标是减少和消除生产过程中的事故，保证人员健康安全和财产免受损失。具体可包括：

① 减少或消除人的不安全行为的目标；

② 减少或消除设备、材料的不安全状态的目标；

③ 改善生产环境和保护自然环境的目标；

④ 安全管理的目标。

四、电梯工程施工安全控制的特点

1. 控制面广

由于电梯工程生产工艺复杂、工序多，在施工过程中流动作业多，高处作业多，作业位置多变，遇到的不确定因素多，安全控制工作涉及范围大，控制面广。

2. 控制的动态性

由于电梯工程项目的单件性，使得每项工程所处的条件不同，所面临的危险因素和防范措施也会有所改变。员工在转移工地后，熟悉一个新的工作环境需要一定的时间，有些工作制度和安全技术措施也会有所调整，员工之间同样有个熟悉的过程。

3. 建设工程项目施工的分散性

因为现场施工是分散于施工现场的各个部位，尽管有各种规章制度和安全技术交底的环节，但是面对具体的生产环境时，仍然需要自己的判断和处理，有经验的人员也必须适应不断变化的情况。

4. 控制系统的交叉性

电梯工程项目是开放系统，受自然环境和社会环境影响很大，安全控制需要把工程系统和环境系统及社会系统结合起来。

5. 控制的严谨性

安全状态具有触发性，其控制措施必须严谨，一旦失控，就会造成损失和伤害。

五、电梯工程施工安全控制的程序

电梯工程施工安全控制的程序如图 7-1 所示。

（1）确定电梯工程项目的安全目标　按"目标管理"方法在以项目经理为首的项目管理

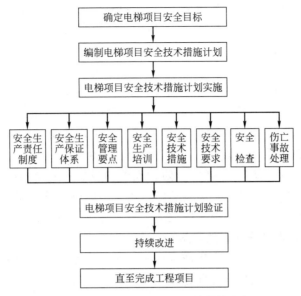

图 7-1 电梯工程施工安全控制的程序

系统内进行分解，从而确定每个岗位的安全目标，实现全员安全控制。

（2）编制电梯项目安全技术措施计划 对生产过程中的不安全因素，用技术手段加以消除和控制，并用文件化的方式表示。这是落实"预防为主"方针的具体体现，是进行工程项目安全控制的指导性文件。

（3）安全技术措施计划的落实和实施 包括建立健全安全生产责任制，设置安全生产设施，进行安全教育和培训，沟通和交流信息等，通过安全控制使生产作业的安全状况处于受控状态。

（4）电梯工程安全技术措施计划的验证 包括安全检查，纠正不符合要求的问题，并做好检查记录工作。根据实际情况，补充和修改安全技术措施，持续改进，直至完成建设工程项目的所有工作。

六、电梯工程施工安全控制的基本要求

① 各类人员必须具备相应的执业资格才能上岗。

② 所有新员工必须经过三级安全教育，即进厂、进车间和进班组的安全教育。

③ 特殊工种作业人员必须持有特种作业操作证，并严格按规定定期进行复查。

④ 对查出的安全隐患要做到"五定"，即定整改责任人、定整改措施、定整改完成时间、定整改完成人、定整改验收人。

⑤ 必须把好安全生产"六关"，即措施关、交底关、教育关、防护关、检查关、改进关。

⑥ 施工现场安全设施齐全，并符合国家及地方有关规定。

⑦ 施工机械（特别是现场安设的起重设备等）必须经安全检查合格后方可使用。

七、电梯工程施工安全技术措施计划及其实施

1. 电梯工程施工安全技术措施计划

① 电梯工程施工安全技术措施计划的主要内容，包括工程概况、控制目标、控制程序、

组织机构、职责权限、规章制度、资源配置、安全措施、检查评价、奖惩制度等。

② 编制施工安全技术措施计划时，对于某些特殊情况应考虑：

a. 对结构复杂、施工难度大、专业性较强的工程项目，必须制定专项工程的安全技术措施；

b. 对高处作业、井道作业等专业性强的作业，电气等特殊工种作业，应制定单项安全技术规程，并应对管理人员和操作人员的安全作业资格和身体状况进行合格检查。

③ 制定和完善施工安全操作规程，编制各施工工种，特别是危险性较大工种的安全施工操作要求，作为规范和检查考核员工安全生产行为的依据。

④ 电梯施工安全技术措施 包括安全防护设施的设置和安全预防措施，主要有以下几个方面的内容：防火、防毒、防爆、防尘、防雷击、防触电、防坍塌、防物体打击、防机械伤害、防起重设备滑落、防高空坠落、防交通事故、防寒、防暑、防环境污染等。

2. 电梯施工安全技术措施计划的实施

（1）安全生产责任制 建立安全生产责任制是施工安全技术措施计划实施的重要保证。安全生产责任制是指企业对项目经理部各级领导、各个部门、各类人员所规定的在他们各自职责范围内对安全生产应负责任的制度。

（2）安全教育

① 广泛开展安全生产的宣传教育，使全体员工真正认识到安全生产的重要性和必要性，懂得安全生产和文明施工的科学知识，牢固树立"安全第一"的思想，自觉地遵守各项安全生产法律法规和规章制度。

② 把安全知识、安全技能、设备性能、操作规程、安全法规等作为安全教育的主要内容。

③ 建立经常性的安全教育考核制度，考核成绩要记入员工档案。

④ 电工、电焊工、架子工、电梯安装维修工、起重工、电梯司机等特殊工种工人，除一般安全教育外，还要经过专业安全技能培训，经考试合格持证后，方可独立操作。

⑤ 采用新技术、新工艺、新设备施工和调换工作岗位时，也要进行安全教育，未经安全教育培训的人员不得上岗操作。

（3）安全技术交底

① 安全技术交底的基本要求：

a. 工程部必须实行逐级安全技术交底制度，纵向延伸到班组全体作业人员；

b. 技术交底必须具体、明确，针对性强；

c. 技术交底的内容应针对分部分项工程施工中给作业人员带来的潜在危害和存在问题；

d. 应优先采用新的安全技术措施；

e. 应将工程概况、施工方法、施工程序、安全技术措施等向工长、班组长进行详细交底；

f. 保存书面安全技术交底签字记录。

② 安全技术交底主要内容：

a. 本工程项目的施工作业特点和危险点；

b. 针对危险点的具体预防措施；

c. 应注意的安全事项；

d. 相应的安全操作规程和标准；

e. 发生事故后应及时采取的避难和急救措施。

八、电梯工程现场文明施工的基本要求

① 施工现场必须设置明显的标牌，标明工程项目名称、施工现场负责人的姓名，以及开、竣工日期等。

② 施工现场的管理人员在施工现场应当佩戴证明其身份的证卡。

③ 应当按照施工总平面布置图设置各项临时设施。现场堆放的大宗材料、成品、半成品和机具设备，不得侵占场内道路及安全防护等设施。

④ 施工现场的用电线路、用电设施的安装和使用，必须符合安装规范和安全操作规程，并按照施工组织设计进行架设，严禁任意拉线接电。施工现场必须设有保证施工安全要求的夜间照明。危险潮湿场所的照明以及手持照明灯具，必须采用符合安全要求的电压。

⑤ 应保证施工现场道路畅通，排水系统处于良好的使用状态；保持场容场貌的整洁，随时清理建筑垃圾。

⑥ 施工现场的各种安全设施和劳动保护器具，必须定期进行检查和维护，及时消除隐患，保证其安全有效。

⑦ 应当做好施工现场安全保卫工作，采取必要的防盗措施，在现场周边设立围护设施。

⑧ 应当严格依照《中华人民共和国消防条例》的规定，在施工现场建立和执行防火管理制度，设置符合消防要求的消防设施，并保持完好的备用状态。在容易发生火灾的地区施工，或者储存、使用易燃易爆器材时，应当采取特殊的消防安全措施。

第三节　电梯工程安全检查

电梯工程项目安全检查的目的是消除隐患、防止事故、改善劳动条件及提高员工安全生产意识，是安全控制工作的一项重要内容。通过安全检查，可以发现工程中的危险因素，以便有计划地采取措施，保证安全生产。施工项目的安全检查应由项目经理组织，定期进行。

一、安全检查的类型

安全检查可分为日常性检查、专业性检查、季节性检查、节假日前后的检查和不定期检查，重点是日常性检查、专业性检查和不定期检查。

（1）日常性检查　即经常的、普遍的检查。企业一般每年进行 $1\sim4$ 次；工程部每月至少进行一次；班组每周、每班次都应进行检查。专职安全技术人员的日常检查应该有计划，针对重点部位周期性地进行。

（2）专业性检查　是针对特种作业、特种设备、特殊场所进行的检查，如安装过程中电焊、气焊、起重等。

（3）不定期检查　不定期检查是指在工程或设备开工和停工前、检修中、工程或设备竣工及试运转时进行的安全检查。

二、安全检查的注意事项

① 把自查与互查有机结合起来，基层以自检为主，企业内相应部门间互相检查，取长

补短，相互学习和借鉴。

② 坚持查改结合。检查不是目的，只是一种手段，整改才是最终目的。发现问题，要及时采取切实有效的防范措施。

③ 建立检查档案。结合安全检查表的实施，逐步建立健全检查档案，收集基本的数据，掌握基本安全状况，为及时消除隐患提供数据，同时也为以后的职业健康安全检查奠定基础。

④ 在制定安全检查表时，应根据用途和目的具体确定安全检查表的种类。

电梯工程安全检查表的主要种类有企业安全检查表、工程部安全检查表、班组及岗位安全检查表、专业安全检查表等。

三、安全检查的主要内容

（1）查思想　主要检查企业、部门的领导和职工对安全生产工作的认识。

（2）查管理　主要检查工程的安全生产管理是否有效。主要内容包括安全生产责任制、安全技术措施计划、安全组织机构、安全保证措施、安全技术交底、安全教育、持证上岗、安全设施、安全标识、操作规程、违规行为、安全记录等。

（3）查隐患　主要检查作业现场是否符合安全生产、文明生产的要求。

（4）查整改　主要检查对过去提出问题的整改情况。

（5）查事故处理　对安全事故的处理应达到查明事故原因、明确责任并对责任者做出处理、明确和落实整改措施等要求。同时还应检查对伤亡事故是否及时报告、认真调查、严肃处理。

安全检查的重点是违章指挥和违章作业。安全检查后应编制安全检查报告，说明已达标项目、未达标项目、存在问题、原因分析、纠正和预防措施。

第四节　电梯工程安全事故的分类和处理

一、电梯工程安全事故的分类

电梯工程安全事故是指因生产过程及工作原因或与其相关的其他原因造成的伤亡事故。

1. 按照事故发生的原因分类

按照我国《企业职工伤亡事故分类标准》（GB 6441—1986）规定，职业伤害事故分为20类。结合电梯安装工程，主要为以下7类。

（1）物体打击　指落物、滚石、锤击、碎裂、崩块、砸伤等造成的人身伤害，不包括因爆炸而引起的物体打击。

（2）机械伤害　指被机械设备或工具绞、碾、碰、割、戳等造成的人身伤害，不包括车辆、起重设备引起的伤害。

（3）起重伤害　指从事各种起重作业时发生的机械伤害事故，不包括上下驾驶室时发生的坠落伤害、起重设备引起的触电及检修时制动失灵造成的伤害。

（4）触电　由于电流经过人体导致的生理伤害，包括雷击伤害。

（5）灼烫　指火焰引起的烧伤、高温物体引起的烫伤、强酸或强碱引起的灼伤、放射线引起的皮肤损伤，不包括电烧伤及火灾事故引起的烧伤。

（6）火灾　火灾时造成人体烧伤、窒息、中毒等。

（7）高处坠落　由于危险势能差引起的伤害，包括从架子、屋架上坠落以及平地坠入坑内等。

2. 按事故后果严重程度分类

（1）轻伤事故　造成职工肢体或某些器官功能性或器质性轻度损伤，表现为劳动能力轻度或暂时丧失的伤害，一般每个受伤人员休息：1 个工作日以上，105 个工作日以下。

（2）重伤事故　一般指受伤人员肢体残缺或视觉、听觉等器官受到严重损伤，能引起人体长期存在功能障碍或劳动能力有重大损失的伤害，或者造成每个受伤人损失 105 工作日以上的失能伤害。

（3）死亡事故　一次事故中死亡职工 1~2 人的事故。

（4）重大伤亡事故　一次事故中死亡 3 人以上（含 3 人）的事故。

（5）特大伤亡事故　一次死亡 10 人以上（含 10 人）的事故。

二、电梯工程安全事故的处理

1. 安全事故处理的原则（四不放过的原则）

① 事故原因不清楚不放过。

② 事故责任者和员工没有受到教育不放过。

③ 事故责任者没有处理不放过。

④ 没有制定防范措施不放过。

2. 安全事故处理程序

① 报告安全事故。

② 处理安全事故，抢救伤员，排除险情，防止事故蔓延扩大，做好标识，保护好现场等。

③ 安全事故调查。

④ 对事故责任者进行处理。

⑤ 编写调查报告并上报。

3. 伤亡事故处理规定

① 事故调查组提出事故处理意见和防范措施建议，由发生事故的企业及其主管部门负责处理。

② 因忽视安全生产、违章指挥、违章作业、玩忽职守或者发现事故隐患、危害情况而不采取有效措施以致造成伤亡事故的，由企业主管部门或者企业按照国家有关规定，对企业负责人和直接责任人员给予行政处分；构成犯罪的，由司法机关依法追究刑事责任。

③ 在伤亡事故发生后隐瞒不报、谎报、故意迟延不报、故意破坏事故现场，或者以不正当理由拒绝接受调查以及拒绝提供有关情况和资料的，由有关部门按照国家有关规定，对有关单位负责人和直接责任人员给予行政处分；构成犯罪的，由司法机关依法追究刑事责任。

④ 伤亡事故处理工作应当在 90 日内结案，特殊情况不得超过 180 日。伤亡事故处理结案后，应当公开宣布处理结果。

思 考 题

7-1 电梯工程职业健康安全与环境管理的目的是什么？

7-2 电梯工程现场文明施工有哪些基本要求？

7-3 电梯工程施工安全控制有哪些基本要求？

第八章　电梯工程危险因素分析

第一节　电梯工程中不安全因素辨识与控制

一、不安全因素类别及其作用

（1）不安全因素类别　根据不安全因素在事故发生、发展中的作用，把不安全因素划分为两大类，即第一类不安全因素和第二类不安全因素。第一类不安全因素指意外释放的能量或危险物质；第二类不安全因素指导致能量或危险物质约束或限制措施破坏或失效的各种因素。

（2）一起事故发生是两类不安全因素共同作用的结果　第一类不安全因素的存在是事故发生的前提，第二类不安全因素的出现是第一类不安全因素事故的必要条件。在事故的发生、发展过程中，两类不安全因素相互依存、相辅相成。第一类不安全因素在事故发生时释放的能量是导致人员伤害或财物损坏的能量主体，决定事故后果的严重程度；第二类不安全因素出现的难易决定事故发生的可能性大小。两类不安全因素共同决定不安全因素的风险程度（危险性）。

二、不安全因素辨识方法

（1）适用于职业安全卫生管理体系的不安全因素辨识方法　主要有询问交谈法、现场观察法、查询分析事故和职业病档案法、外部信息收集辨析法、工作业务流程分析法、安全检查表法（SCL）、事故树分析法等。

（2）综合应用　有关部门应针对所需辨识的生产活动或设施的实际情况，灵活采用上述方法进行不安全因素辨识，必要时可将上述方法配合使用。如当需要辨识施工现场的不安全因素时，可先采用"工作业务流程分析法"，结合"询问交谈法""现场观察法"等予以补充或验证；当需要辨识事故发生的不安全因素时，可先采用"查询分析事故和职业病档案法"获取有关资料，结合"事故树分析法"等予以分解细化。

（3）不安全因素辨识方法的应用说明

① 询问交谈法　与现场一线操作员工、安全管理和技术人员等交流，获取不安全因素资料。

② 现场观察法　到现场观察各类设施、场地，分析操作行为、安全管理状况等，获取不安全因素资料。

③ 查询分析事故和职业病档案法　通过查找并分析各类各年度安全事故和职业病发生记录、报告，隐患检查记录，以及安全整改措施等，获取不安全因素资料。

④ 外部信息收集辨析法　收集整理历年来自各相关方的建议、投诉记录，特别是员工的安全需求，获取不安全因素资料。

⑤ 工作业务流程分析法　将部门工作业务内容进行流程化分析并作流程图，对流程图每个环节细化分析作业或工作步骤、要求，从中辨析出可能存在的不安全因素。

⑥ 安全检查表法（SCL）　采用预先设计好的各种安全检查表，到现场进行检查，发现安全隐患或问题及时记录和分析，并据此获取不安全因素资料。

⑦ 事故树分析法　可针对各类事故进行分析，并按事故树分析要求展开和绘图，获取不安全因素资料。

三、电梯工程中不安全因素辨识步骤

首先识别规划设计、工艺布局、生产、经营、服务中的危险活动和设施等，确定各类不安全活动类别。

电梯工程中不安全活动类别主要有：

① 平面上滑倒和跌倒；

② 人从高处跌落；

③ 器具、材料从高处滑落；

④ 不充足的净空高度；

⑤ 与工具和材料手工举起或处理相关的危险源；

⑥ 来自电梯装置和机械，与组装、试车、维修、改造、修理和拆卸有关的危险源；

⑦ 机动车辆危险源，包括现场运输和道路行驶；

⑧ 火灾和爆炸；

⑨ 对职员的强力行为；

⑩ 可能吸入、吸收或摄取的物质；

⑪ 可能损害视力的物质或试剂；

⑫ 有害能量（例如电、辐射、噪声、振动等）；

⑬ 由频繁重复性的作业任务引起的与作业相关的上肢障碍；

⑭ 不适当的热环境，例如太热、太冷；

⑮ 用于作业任务的照明程度；

⑯ 光滑的、不平整的地面及表面；

⑰ 不适当的或无防护的围栏、扶手、楼梯及台阶；

⑱ 承包方的现场活动；

⑲ 受限空间进入；

⑳ 人为不安全因素（例如工人失误、有压力等）。

然后确定不安全因素所涉及的相关方。相关方一般包括员工、分包商、供应商、访问参观者、邻居、安全主管部门人员、安全监督部门人员等。

最后，确定危险源类别。

四、电梯工程中不安全因素的控制

（1）电梯操作人员控制

① 采取必要的安全生产宣传教育，提高员工的安全意识，增强员工自我保护和群体保护能力，防止和杜绝各类伤亡事故的发生。

② 加强特种作业人员管理，确保安全生产。坚持特种作业人员必须经过培训、复训合格后才能持证上岗。

（2）电梯工程事故控制

① 对职工在生产过程中发生的伤亡事故（包括急性中毒事故），按规定进行调查、登记、统计、报告和处理。

② 坚持"四不放过"原则，即事故原因分析不清不放过，事故责任者和干部群众没有受到教育不放过，没有防范措施不放过，事故责任人没有处理不放过。

第二节　电梯工程危险源辨识

电梯在设计、制造时，已从多方面考虑到保证人身安全的问题，但每年仍有电梯伤亡事故发生。发生事故的原因主要有：

① 设备本身故障；

② 电梯的安装不合格，留下事故隐患；

③ 电梯的管理、使用、维护规章制度不健全或不落实，电梯失保失修，有的"带病"运行；

④ 电梯司机、维护人员素质差，无证上岗，违章作业；

⑤ 乘客主观原因——超载，非安全乘梯，错误自救等。

电梯易发生人身伤亡事故的部位主要在层门、轿厢及轿顶、底坑、机房等处，必须引起注意，分析其产生事故的原因，加强安全教育，提高安全意识，采用安全措施，消除不安全的隐患，防止事故的发生。

发生电梯事故的部位、形成原因及其预防见表 8-1，电梯危险源辨识见表 8-2。

表 8-1　发生电梯事故的部位、形成原因及其预防

事故部位	事故形成及其原因	预防方法、措施
层门事故	（1）层门敞开，电梯用检修或应急方式运行到其他层，敞开的层门处又无人把守，无护栏、标示牌等，乘客误以为层门开着轿厢就在该层而误入井道，跌落到井道底坑而造成事故。与此类似，载货电梯有推车人与载货车辆一起坠入底坑而造成事故的 （2）层门敞开，司机按应急（门锁短接）按钮运行，剪切、碰撞由层门外伸头到井道内观看、呼叫电梯的人而造成事故 （3）层门门锁坏后未及时修复，层门被扒开后跌入井道而造成事故 （4）司机、维修人员或其他人员用三角钥匙打开层门后，未确认轿厢确在本层就进入，造成踏空坠落事故；或造成他人坠入井道 （5）具有贯通门的电梯，平时违章当过道使用，门锁坏后未及时修复而敞开层门运行，人误踏入造成坠落事故 （6）门锁坏后无备件修复而用导线将门锁短路，选层后电梯自动运行，正在进出轿厢的人被剪切而造成事故 （7）电梯发生故障，维修人员在机房用导线封线，强行操纵电梯运行，将正进出轿厢的人剪切而造成事故 （8）用铁丝或层门钥匙私自捅开层门，而从层门口跌落到井道内 （9）检修电梯时，未在层门口设置防护围栏或警告牌，而误入层门口跌落到井道内	（1）严禁层门敞开，以揿按应急按钮使电梯运行。检修运行时，只要轿厢驶出开锁区，就应关闭层门。必须层门敞开检修时，应设专人把守，设置防护遮栏并悬挂醒目的警告标示牌 （2）层门门锁坏后要及时修复，不得有从外面扒开层门的可能，不得用导线短路门锁开关 （3）贯通门轿厢平时不得当作通道使用 （4）必须建立三角钥匙的管理制度，未经培训合格及授权人员禁止使用三角钥匙；司机或维修人员打开层门进入轿厢前，必须确认轿厢位置，且推开层门时要保持重心，用力不得过猛；开启层门时，禁止无关人员靠近；关闭层门时必须确认门锁可靠锁闭 （5）在机房检修电梯或排除故障时，必须采取措施，不得使任何人乘坐、使用电梯

事故部位	事故形成及其原因	预防方法、措施
轿厢及轿顶事故	(1)层门关闭而轿门未关闭,电梯非正常运行时,轿厢内人员身体伸出轿厢,与井道内壁物体相撞而造成事故 (2)制动器制动不良、曳引绳打滑、电梯调试时对重过轻、电梯超载等原因,造成轿厢运行平层后溜车,进出轿厢的人被剪切而造成事故 (3)维修人员在轿顶检修电梯,与司机配合不好,未站稳而电梯突然启动,造成坠落事故。与此类似,轿厢向上运行,维修人员头部与顶层楼板凸出构件相撞而造成事故 (4)维修人员在轿顶检修电梯,身体探出轿厢安全范围之外,轿厢运行时与导轨架、对重装置相撞而造成事故 (5)轿厢与对重平齐,维护人员一只脚站在轿顶,一只脚站在对重上,电梯突然启动,把人打入井道而造成事故 (6)轿厢顶上因未装有防护栏或防护栏使用不当,而不慎跌入井道	(1)轿厢门锁坏后应及时修复,不允许敞开轿门运行。检修运行时,轿内人员不得将身体任何部位探出轿厢地坎之外 (2)电梯的失保失修,是造成轿厢事故的重要原因,应加强预检预修工作 (3)轿厢溜车时,司机应劝阻乘客切勿企图跳出轿厢,应等待电梯其他安全装置发生作用 (4)在轿顶检修时,司机要和维修人员配合好,上下呼应后才能启动电梯。维护人员应尽量利用轿顶检修按钮使电梯检修运行,不需要轿厢运行时,应随手切断轿顶检修停止开关或安全钳开关 (5)轿顶应装设防护栏杆。轿厢检修运行时,维护人员不得将身体任何部位探出轿顶安全范围之外或倚在轿顶护栏上 (6)不得将两只脚分别站在可能相对运动的部位进行检修工作,以免轿厢突然启动而造成危险
机房事故	(1)不遵守电气安全操作规程而造成触电事故 (2)电梯盘车使轿厢短程升降,未切断电源开关,电梯突然启动而使盘车人员受伤 (3)调试、检修电梯时,有人乘坐电梯而造成事故 (4)接触转动机械部件,手或衣物卷入而造成事故	(1)在机房进行检修工作,应切断电源主开关。需要带电作业时,要严格遵守电气安全操作规程,并设专人监护 (2)电梯盘车使轿厢短程升降,必须切断电源主开关,防止电梯突然启动 (3)调试、检修电梯时,禁止乘客或载货 (4)严禁接触转动机械部件。电梯转动部位的任何工作,如清洁、注油时,应使电梯停驶,切断控制电源后再进行
底坑事故	(1)维护人员在底坑工作,司机与维护人员配合不好,电梯向下运行将维护人员撞伤。与此类似,底坑有人工作,因急于使用电梯而违章指挥司机开电梯,而将下方人员撞伤 (2)底坑、轿顶、机房同时进行检修,工具、物品失手坠落将下方人员砸伤。与此类似,机房调整制动器,因松闸使轿厢溜车,将底坑人员撞伤	(1)在底坑检修时,司机与维护人员要配合好,上下呼应得到应答后才能启动电梯。不需要电梯检修运行时,要随手切断底坑检修箱停止开关 (2)检修底坑设施时,必须停止上部的一切作业 (3)维护人员在底坑工作,要随时注意上方的轿厢,当轿厢意外向下运行时,应立即关闭检修箱停止开关、趴到底坑或用较长的木方竖起支撑住轿厢等

表 8-2　电梯危险源辨识一览表

序号	危害类别	涉及危险活动或出现场合	危险源名称	危险源类别	涉及相关方	安全控制措施： a. 目标和方案； b. 程序或操作规程或安全技术措施； c. 教育培训； d. 应急方案； e. 保持现有措施
1	高处坠物	电梯安装维修、自动扶梯装配及培训	电梯安装时脚手架上坠物	I	员工及培训人员	a、b
2			电梯安装维修其他施工单位高处坠物	I		a、b
3			物体从厅门落入井道	I		a、b
4			物体从机房孔落入井道	I		a、b
5			配重铁碰撞井道壁异物坠落	II		a、b
6			安装导轨时导轨坠落	II		a、b
7			拼装轿箱时轿箱或其部件坠落	II		a、b
8			自动扶梯装配时零件、工具坠落	II		a、b
9		设备安装维修	设备施工时扶梯上坠物	I	员工	b
10			高处建筑物或设备上检修时坠物	I		b
11			高处设备或管道零部件松动坠落	I		b
12		起重吊运	易滑落的重物捆扎不牢	II	员工及相关人员	a、b
13			重大物件起吊不平稳	II		a、b
14			吊索断裂	II		a、b
15			辅助吊具选用不当	II		a、b
16			起吊时吊索未扎牢靠	II		a、b
17			重物碰撞其他物品引起物体坠落	II		a、b
18			运行时重物过低撞人撞物	II		a、b
19			吊件下立人	II		a、b
20			起重设备故障引起重物坠落	II		a、b
21		简易吊笼操作	生产部辅料库吊笼内物品坠落	II	员工	b
22			装配检验用吊笼内物品坠落	II		b
23		物资储存	物品堆放过高或不当	II	员工	b
24	人员坠落	电梯安装维修、自动扶梯装配及培训	脚手架上踏空坠落	I	员工、相关人员及培训人员	a、b
25			脚手架损坏引起人员坠落	II		a、b
26			轿厢顶工作时坠落	I		a、b
27			用三角钥匙开启厅门踏空坠落	II		a、b
28			装配、安装维修自动扶梯时不慎坠落	I		a、b
29			高处施工未系安全带	II		a、b
30		电梯安装维修	乘坐施工升降机时升降机失灵	II	员工及相关人员	a、b
31		电梯安装维修及培训	调换钢丝绳时轿箱及在轿箱上的安装人员坠落	II	员工、相关人员及培训人员	a、b
32	碰撞及快口锐角毛糙面伤害	物品搬运	生产、施工、运输及其他工作中搬运物品碰伤	II	员工	b

序号	危害类别	涉及危险活动或出现场合	危险源名称	危险源类别	涉及相关方	安全控制措施： a. 目标和方案； b. 程序或操作规程或安全技术措施； c. 教育培训； d. 应急方案； e. 保持现有措施
33	碰撞及快口锐角毛糙面伤害	物品搬运	搬运车辆（工具）损坏，物品砸脚	Ⅱ	员工	b
34			搬运时物品脱手或跌倒，物品砸脚	Ⅱ		b
35		装箱、拆箱	铁质包装箱边沿快口划伤	Ⅱ		b
36			铁钉戳伤	Ⅱ		b
37			木箱表面毛刺戳手	Ⅱ		b
38		零件修挫	刀刃具、工具快口锐角划伤	Ⅱ		b
39			修挫零件时擦伤	Ⅱ		b
40			倒角时锉刀铁柄戳伤	Ⅱ		b
41		金属加工	金属材料快口伤害	Ⅱ		b
42		电工操作	电工刀使用不当，快口伤人	Ⅱ		b
43		回收废料	废料快口划伤	Ⅱ		b
44	物体夹击打击伤害	电梯安装维修及培训	头伸出轿顶护栏，配重铁下降撞击	Ⅱ	员工、相关人员及培训人员	b
45			底坑工作时轿厢下降撞击	Ⅱ		b
46			安装维修时开门动车引起夹击、撞击	Ⅱ	员工、培训人员	b
47		工具使用	工具脱手伤人	Ⅱ	员工	b
48	旋转运动伤害	曳引机运转	衣物卷入曳引机	Ⅱ	员工、培训人员	b
49	触电	电线电缆破损	手持电动工具电线电缆破损	Ⅱ	员工、相关人员	b
50			临时供电线路电线电缆破损	Ⅱ		a、b
51			电气设备电线电缆破损	Ⅱ	员工	b
52			小型电器或家用电器电线电缆破损	Ⅱ		b
53		电气插头插座不规范或破损	手持电动工具电线插头破损	Ⅱ	员工、培训人员	a、b
54			临时供电线路电气插座破损或接线不规范	Ⅱ		b
55			电气设备插头插座不规范或破损	Ⅱ	员工	b
56			小型电器或家用电器电线插头破损	Ⅱ		b
57		设备漏电	设备漏电	Ⅱ	员工	b
58			手持电动工具漏电	Ⅱ	员工、培训人员	a、b
59			小型电器或家用电器漏电	Ⅱ	员工	b
60		违章操作	检查修理电气设备时带电作业	Ⅱ	员工、培训人员	a、b
61			电梯安装维修时带电作业	Ⅱ		b
62			违章架设临时用电线路	Ⅱ		a、b
63			使用移动电具未接漏电保护器	Ⅱ		a、b
64			在特殊场合未使用安全电压	Ⅱ		b

序号	危害类别	涉及危险活动或出现场合	危险源名称	危险源类别	涉及相关方	安全控制措施: a. 目标和方案; b. 程序或操作规程或安全技术措施; c. 教育培训; d. 应急方案; e. 保持现有措施
65	触电	违章操作	检修电气设备或线路时未设监护人员	Ⅱ	员工、培训人员	a、b
66			不用插头而直接用电线接取电源	Ⅱ	员工	b
67			无证从事电气设备的操作或检修	Ⅱ		a、b
68			电阻炉带电操作	Ⅱ		b
69		电气安全检查	手持电动工具未按规定检查	Ⅱ	员工、培训人员	a、b
70			电风扇未按规定检查	Ⅱ	员工	b
71			电气设备未按规定检查	Ⅱ	员工、培训人员	b
72		漏电保护装置	漏电保护器失灵	Ⅱ	员工	b
73			接地或接零装置不良或损坏	Ⅱ		b
74			电气设备或线路的过载保护装置失灵	Ⅱ		b
75	振动伤害	施工	使用振动设备施工	Ⅱ	员工	b
76	噪声伤害	使用电动工具	操作电动工具噪声刺激	Ⅱ	员工、培训人员	b
77		落料作业	落料作业噪声刺激	Ⅱ	员工、相关人员	b
78	视力伤害	电焊作业	电焊作业强光刺激	Ⅱ	员工、相关人员及培训人员	b、e
79		气割作业	气割作业强光刺激	Ⅰ		b、e
80		焊接机器人作业	钣金机器人焊接强光刺激	Ⅰ	员工、相关人员	b、e
81	火灾	电梯安装维修	电焊起火	Ⅱ	员工	a、b
82			电气漏电起火	Ⅱ		a、b
83		办公室、生产辅助及后勤服务场所	电气漏电起火	Ⅱ	员工、相关人员	b
84		违章	违章动用明火	Ⅱ	员工、培训人员	a、b、d
85			违章吸烟	Ⅱ	员工	a、b
86			违章使用电加热设备	Ⅱ	员工	a、b
87		消防管理	灭火器材失灵	Ⅱ	员工	b、d
88			火灾报警器失灵	Ⅱ	员工	b、d
89	灼伤	使用饮水机	饮水机控温装置失灵	Ⅱ	员工	b(d)
90		饮用开水	热水烫伤	Ⅱ	员工	e
91		浇灌巴氏合金	热物烫伤	Ⅱ	员工	b
92	中毒	流动人员在外用餐	食物不洁中毒	Ⅱ	员工、相关人员	b、d

续表

序号	危害类别	涉及危险活动或出现场合	危险源名称	危险源类别	涉及相关方	安全控制措施： a. 目标和方案； b. 程序或操作规程或安全技术措施； c. 教育培训； d. 应急方案； e. 保持现有措施
93	粉尘烟尘有害气体	电焊	吸入有害气体	Ⅰ	员工	b
94	生产作业环境不良	电梯安装维修	现场照明不良	Ⅰ	员工	b
95			工作场所高度或空间不够	Ⅱ	员工	b
96		工作及行走	工作场所地面有坑、沟、洞及油污或异物	Ⅱ	员工	a、b
97	操作失误	自动扶梯装配及培训	自动扶梯安装调试配合失误	Ⅱ	员工	b
98			自动扶梯拼装调试配合失误	Ⅱ	员工	b
99		劳动防护用品使用	施工现场不戴安全帽	Ⅱ	员工、培训人员	a、b
100			生产工人不穿工作鞋	Ⅱ		a、b
101		电梯安装维修	设备操作人员对指令信号误接受或误解	Ⅱ	员工、相关人员	b、c
102			维修作业人员相互口令未统一规范	Ⅱ		b、c
103	交通安全	电梯保养出车	助动车及机动车辆交通事故	Ⅱ		a、b、c
104		机动车行驶	客、货机动车交通事故	Ⅱ		a、b、c
105		厂内外机动车货物装载	物件超宽、长、高	Ⅰ	员工	b
106			物件固定不牢，落下伤人	Ⅱ		b
107		厂内机动车辆行驶	厂内机动车停放不当	Ⅱ		b
108			厂内机动车交通事故	Ⅱ		b
109		门卫值班	门卫检查不严	Ⅱ	相关人员	b

思 考 题

8-1 电梯工程中的两类不安全因素是什么？两者之间有什么关系？

8-2 不安全因素的辨识方法有哪些？

8-3 电梯的层门处容易发生哪些事故？如何预防？

第九章　电梯工程的安全技术条件

第一节　电梯工程中的电气安全技术条件

一、安全电路

在 GB 7588—2003《电梯制造与安装安全规范》中，14.1.2.3 专门对安全电路的设计原则做出了规定，并分析提出了安全电路常出现的 10 种故障现象。当电梯电气装置中出现某种故障现象时，安全电路应起安全保护作用，使正在运行的曳引机停止运转，防止未运行的曳引机启动。

安全电路应选用基本安全器件，如安全触点、安全继电器等。具体的安全电路中应有隔离变压器防干扰，变压器二次侧应接地，电路控制器件（线圈）一端应接地，开关功能件（触点）接到电源不接地一端，电源端设熔断器及短路、过载等保护器件。含有电子元件的安全电路被认定为安全部件，应按照标准进行安装。

安全电路中采用的中间继电器应是长闭触点，每个触点都是独立的，如果常开触点中有一个闭合，则全部常闭触点必须断开；如果有一个常闭触点闭合，则全部常开触点必须断开。触点有分隔室，防止触点闭短路，还应满足标准对爬电距离与空气气隙的要求。

二、安全触点

安全触点是安全电路的基本元件之一。安全触点的静触点始终保持静止状态，动触点由驱动元件推动，当动、静触点在接触的初始状态时，两触点间产生一个初始压力，随着驱动元件的推进，动、静触点间产生一个最终压力，供触点在变压状态下有良好的接触，直至推动到位终止，触点在变压状态下工作。安全触点动作时，两点断路的桥式触点有一定的行程余量，断开时触点应能可靠地断开，即当所有触点的断开元件处于断开位置时，且在有效行程内，动触点和施加驱动力的驱动机构之间无弹性元件（例外弹簧）施加作用力，即为触点获得了可靠的断开。驱动机构动作时，必须通过刚性元件迫使触点断开，断开后触点间距不小于 4mm。对于多分断点安全触点，其间距不得小于 2mm。除上述外，安全触点还应具备要求的绝缘性能、电气间隙、爬电距离等。

在电梯中，所使用的安全开关均应是安全触点传送电气信号，如层门联锁触点、安全保护开关、限速器超速保护开关、张紧绳保护开关、轿顶和底坑停止开关等。

三、安全电压

安全电压是指人体与电接触时，对人体皮肤、呼吸器官、神经系统、心脏等各部位组织不造成任何损害的电压。在我国电梯属于有高度触电危险的位于建筑物场所的设备，其安全电压值为 36V，绝对安全电压为 12V。使用手提灯，应采用 36V 安全电压供电。

第二节　电梯工程中的安全距离

GB 12265.1—1997《机械安全防止上肢触及危险区的安全距离》中，安全距离定义为防护结构距危险区的最小距离。电梯设施中的安全距离指电梯各部件之间或部件与建筑之间，应该保持的可以防止出现不安全状态的具体尺寸。GB 7588—2003《电梯制造与安装安全规范》中对以下方面的安全距离有一定的具体要求。

一、轿厢与井道、对重的安全距离

① 井道内表面与轿厢地坎、轿厢门框架或轿厢门之间的水平距离不得大于 0.15m。如果轿厢门是滑动门，则指门的最外边沿与井道内表面之间的距离，如图 9-1 中 H_1、H_2、H_3 所示。

② 对于轿厢装有机械锁闭的门且只能在层门的开锁区内打开，则上述间距不受限制。

③ 对于在井道内表面局部一段垂直距离不大于 0.5m 的范围内或带有垂直滑动门的载货电梯和非商业用汽车电梯，该水平距离允许为 0.2m。如图 9-1 中 H_4 所示。

上述规定的目的是：

① 防止人跌入井道；

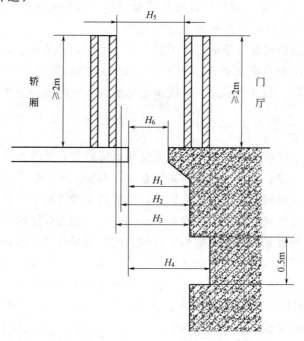

图 9-1　井道、轿厢、层门安全距离示意图

② 防止电梯正常运行期间，将人夹进轿厢门和井道内表面中间的空隙中；

③ 轿厢与连接部件、对重及其连接部件的距离至少为 0.05m。

二、轿厢门与层门的安全距离

① 供使用者正常出入轿厢入口的净高度，应不小于 2m。轿厢内净高度也不应小于 2m。

② 轿厢门关闭后，门扇之间及门扇与门柱、门楣和地坎之间的间隙，乘客电梯不得大于 6mm，载货电梯不得大于 8mm。

③ 层门的净高度不得小于 2m。

④ 操作期间的通行距离，不得大于 0.12m。如图 9-1 中 H_5 所示。

⑤ 轿厢地坎与层门地坎之间的水平距离不得大于 35mm，如图 9-1 中 H_6 所示。

三、曳引驱动电梯的顶部间距

当轿厢处在井道最上端，即对重全部压在缓冲器上时，应同时满足下列条件。

① 轿厢导轨长度应能提供不小于 $0.1+0.035v^2$ 的进一步制导行程（单位为 m），如图 9-2(a) 中 H_1 所示。

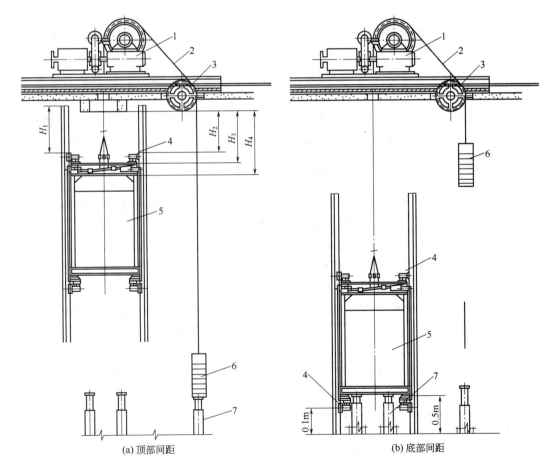

(a) 顶部间距　　　(b) 底部间距

图 9-2　曳引驱动电梯顶部、底部间距示意图

1—曳引机；2—曳引绳；3—导向轮；4—导靴；5—轿厢；6—对重；7—缓冲器

② 井道顶的最低部件与固定在轿顶上的导靴、滚轮、曳引绳附件、垂直滑动门横梁或部件的最高部分之间的垂直距离，应不小于 $0.1+0.035v^2$（单位为 m），如图 9-2(a) 中 H_2 所示。

③ 井道顶的最低部件与固定在轿厢顶上的设备的最高部件（不包括导靴、滚轮、曳引绳附件、垂直滑动门的横梁或部件的最高部分）之间的自由距离，应不小于 $0.3+0.035v^2$（单位为 m），如图 9-2(a) 中 H_3 所示。

④ 轿厢顶板外水平面与位于轿顶投影的井道最低部件如承重梁、导向轮等的水平面之间的垂直距离应至少为 $1.0+0.035v^2$（单位为 m），如图 9-2(a) 中 H_4 所示。

⑤ 轿顶上方应有一个不小于 $0.5m \times 0.6m \times 0.8m$ 的矩形空间，可以任意面朝下放置；钢丝绳中心线距长方体的一个垂直面距离不超过 0.15m 的钢丝绳连接装置可包括在内。

四、曳引驱动电梯的底部间距

当轿厢全部压在它的缓冲器上时，对重制导行程和底坑与轿底安全距离应满足如下条件。

① 对重导轨长度应能提供不小于 $0.1+0.035v^2$ 的进一步制导行程（单位为 m），且不得小于 0.25m。

② 底坑内应有足够空间以放入一个不小于 $0.5m \times 0.6m \times 1.0m$ 的矩形空间为准，矩形的任何平面可以朝下放置。

③ 底坑底与导靴或滚轮、安全钳楔块、护脚板等轿底下凸出部件之间的垂直距离应不小于 0.1m，如图 9-2(b) 所示。

这里的全部压在缓冲器上即"完全压缩"，按 GB 7588—2003 中 10.4.1.2.2 的规定："完全压缩"是指缓冲器被压缩掉 90% 的高度。

五、机房、井道设备的安全距离与相关尺寸

GB 7588—2003《电梯制造与安装安全规范》、GB 10060—2011《电梯安装验收规范》中对机房、井道设备的安全距离都有规定，归纳如下。

① 机房屋顶横梁下端至工作场地和通道地面的垂直高度应不小于 1.8m。

② 曳引机旋转部件的上方应有大于 0.3m 垂直净空距离。

③ 机房地面不同高度差大于 0.5m 时，应设楼梯或台阶并设置护栏。

④ 楼板和机房地板上的开孔尺寸必须减少到最小。为防止物体通过位于井道上方的开孔（包括通过电缆用的开孔）而坠落，必须采用圈框。此圈框应凸出于楼板或完工地面并不小于 50mm。

⑤ 机房内钢丝绳与楼板孔洞每边间隙均为 20～40mm，通向井道的孔洞四周应筑一高 50mm 以上的台阶。

⑥ 控制屏、柜与门、窗的正面距离不应小于 600mm。

⑦ 控制屏、柜的维修侧与墙壁的距离不应小于 600mm。

⑧ 控制屏、柜与机械设备的距离不应小于 500mm。

⑨ 成排安装双面维修的控制屏、柜且宽度超过 5m 时，其封闭侧应不小于 50mm。两端均应留有出入通道，通道宽度不应小于 600mm。

⑩ 电线管、电线槽、电缆架等与可移动的轿厢、钢丝绳等的距离，机房内不应小于50mm；井道内不应小于20mm。

⑪ 圆形随行电缆在架上的绑扎处应离开电缆架钢管100～150mm。

⑫ 扁平形随行电缆重叠安装时，每两根间应保持30～50mm的活动间距。

六、轿顶间距、对重间距与缓冲行程的关系

在安装电梯或更换、截短曳引钢丝绳时，应注意保证轿顶间距与缓冲行程（缓冲距离加缓冲器压缩行程之和）的比例关系。当轿厢停在最高层平层位置时，轿顶间距应大于对重侧缓冲距离与缓冲器压缩行程之和再加上轿顶安全距离（图9-3）。如果曳引绳太短，会造成轿顶上方安全距离不够，轿厢冲顶时会发生危险，缓冲器也将失去作用。在计算缓冲器压缩行程时，应依据GB 7588—2003中10.4.1.2.2，"完全压缩"是指缓冲器被压缩掉90%的缓冲行程来计算。同理，对重侧顶端间距应大于轿厢侧缓冲行程加轿厢底部安全距离。

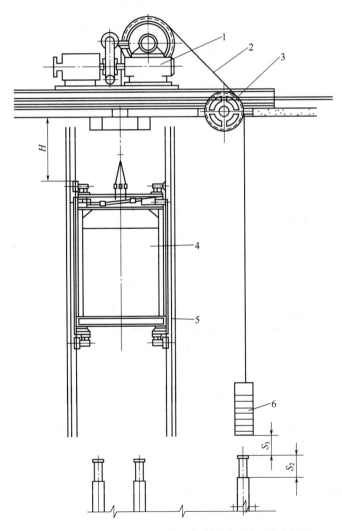

图9-3 曳引驱动电梯、轿顶与缓冲行程间距示意图

1—曳引机；2—曳引绳；3—导向轮；4—轿厢；5—顶层平层位置；6—对重

H—轿顶间距；S_1—缓冲距离；S_2—缓冲器压缩行程

第三节 自动扶梯工程中的安全距离

在繁华的大都市，每天有成千上万人往返于自动扶梯或自动人行道等公共设施上，只要大家有序守则乘梯，不用担心其设备发生安全事故。因自动扶梯等设施每天除了有专业人员管理与维护外，主要是自动扶梯的设计人员考虑了公共场合下的安全距离。同时，国家在《自动扶梯和自动人行道制造与安装安全规范》GB 16899—2011 标准中做出了明确规定，下面就此问题讨论其安全距离的运用。

其设备外部结构的相关安全距离及配置，具体详见下列标准要求及各图说明。

一、出入口通行区域

在自动扶梯和自动人行道的出入口，应有充分畅通的区域。该畅通区域的宽度至少等于扶手带外缘距离加上每边各 80mm，该畅通区域纵深尺寸从扶手装置端部算起至少为 2.5m；如果该区域的宽度不小于扶手带外缘之间的距离的 2 倍加上每边各加上 80mm，则其纵深尺寸允许减少至 2m，如图 9-4 所示。

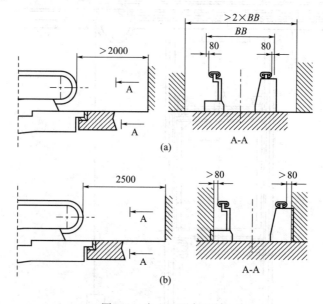

图 9-4　出入口通行区域

如果人员在出入口可能接触到扶手带的外缘并且引起危险，则应采取适当的预防措施。例如：

① 设置固定的阻挡装置以阻止乘客进入该空间；

② 在危险区域内，由建筑物结构形成的固定护栏至少增加到高出扶手带 100mm，并且位于扶手带外缘 80mm 至 120mm 之间。

二、梯级、踏板或胶带上方的安全高度（安全距离）

自动扶梯的梯级或自动人行道的踏板或胶带上方，垂直净高度不应小于 2.30m。该净高度应当延续到扶手转向端端部，如图 9-5 所示。

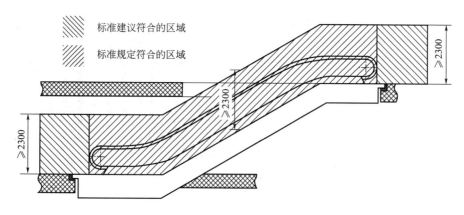

图 9-5 梯级、踏板或胶带上方的安全高度

三、扶手带外缘距离

墙壁或其他障碍物与扶手带外缘之间的水平距离在任何情况下均不得小于 80mm，与扶手带下缘的垂直距离均不得小于 25mm，该距离应保持到自动扶梯梯级上方和自动人行道踏板上方或胶带上方至少 2.1m 的高度处，如图 9-6 所示。

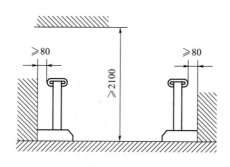

图 9-6 扶手带外缘距离

四、与建筑物的接口——上端部楼梯边缘保护（又称为阻挡装置）

1. 阻挡装置（1）

为了满足上述梯级、踏板或胶带上方的安全高度，在上层楼板上应开有一定尺寸的孔，为了防止乘客有坠落或挤刮伤害的危险，在开孔楼板的边缘应设有规定高度的护栏，且其高度不小于 1.2m，即高于扶梯扶手带 100mm。如图 9-7 所示。具体参见 GB 16899—2011 自动扶梯技术标准中相关内容。

2. 阻挡装置（2）

阻挡装置（2）具体参见 GB 16899—2011 自动扶梯技术标准中相关内容。

5.5.2.2 当自动扶梯或自动人行道与墙相邻，且外盖板的宽度超过 125mm 时，在上、下端部应安装阻挡装置，防止人员进入外盖板区域。当自动扶梯或自动人行道为相邻平行布

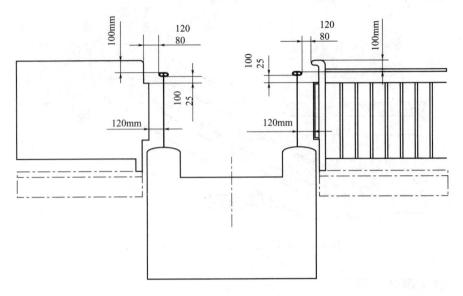

图 9-7 阻挡装置（1）

置，且共用外盖板的宽度超过 125mm 时，也应安装这种阻挡装置。

上述要求及尺寸见图 9-8 中序号 1 所示，图 9-9 为自动扶梯实物。

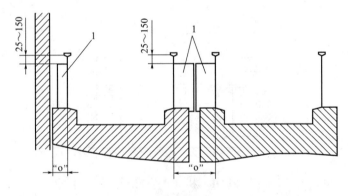

图 9-8 阻挡装置（2）

此外，用于阻挡装置的外露紧固件的头部应是非常规型。具体结构详见图 9-10 所示。

五、与建筑物的接口——防爬装置

防爬装置具体参见 GB 16899—2011 自动扶梯技术标准中相关内容。

5.5.2.2 扶手装置应没有任何部位可供人员正常站立。

如果存在人员跌落的风险，应采取适当措施阻止人员爬上扶手装置外侧。

为确保这一点，自动扶梯和自动人行道的外盖板上应装设防爬装置。防爬装置位于地平面上方 (1000 ± 50)mm，下部与外盖板相交，平行于外盖板方向上的延伸长度应至少为 1000mm，并应确保在此长度范围内无踩脚处。该装置的高度应符合 b_{10}（$\geqslant 80$mm）和 h_{10}（25～150mm）的规定。

图 9-9　自动扶梯实物图（阻挡装置）

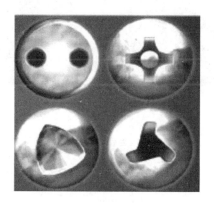

图 9-10　紧固件头部结构

上述要求及尺寸见图 9-11 序号 1 及图 9-12 所示。自动扶梯实物详见图 9-13。

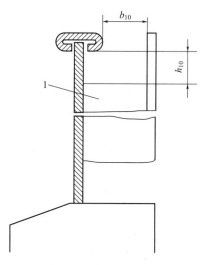

图 9-11　防爬装置（1）

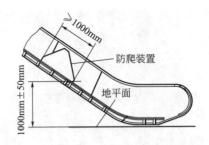

图 9-12　防爬装置（2）

图 9-13　自动扶梯实物图（防爬装置）

六、与建筑物的接口——防滑行装置

防滑行装置具体参见 GB 16899—2011 自动扶梯技术标准中相关内容。

5.5.2.2　当自动扶梯或自动人行道和相邻的墙之间装有接近扶手带高度的扶手盖板，且建筑物（墙）和扶手带中心线之间的距离 b 大于 300mm 时，应在扶手盖板上装设防滑行装置。该装置应包含固定在扶手盖板上的部件，与扶手带的距离不应小于 100mm，并且防滑行装置之间的间隔距离不应超过 1800mm，高度不应小于 20mm。该装置应无锐角或锐边。

其相关尺寸要求见图 9-14。

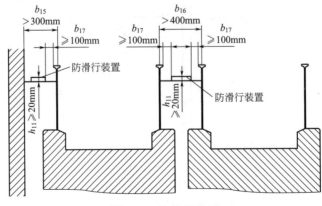

图 9-14　防滑行装置

对相邻自动扶梯或自动人行道，扶手带中心线之间的距离 c 大于 400mm 时，也应满足上述要求。

此外，仅对不锈钢拦板且有接近扶手带高度的扶手盖板，见图 9-15 所示。

图 9-15　扶手盖板

七、与建筑物的接口——垂直防护挡板

如果建筑障碍物会引起人员伤害，则应采取相应的预防措施。尤其是在与楼板交叉处以及各交叉设置的自动扶梯之间或自动人行道，应在扶手带上方设置一个无锐利边缘的垂直防护挡板，其高度不应小于 0.3m，且至少延伸至扶手带下缘 25mm。例如，采用一块无孔的三角板。如果扶手带外缘与任何障碍物之间距离 c 大于等于 400mm 时，则无须遵守该要求。

上述要求及结构见图 9-16 序号 3 所示。

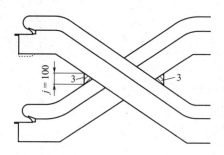

图 9-16　垂直防护挡板

垂直防护挡板安装要求：

a. 垂直防护挡板（如无孔的三角板）应安装于扶手带外缘≥80mm 的位置处；

b. 垂直防护挡板（如无孔的三角板）应是刚性固定，不是柔性固定的（从经验角度来说，编者建议采用柔性固定）。

详见图 9-17 所示其固定结构。

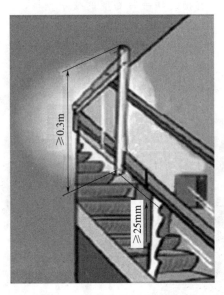

图 9-17　垂直防护挡板的固定

八、用于输送购物车和行李车的自动扶梯要求

自动扶梯规定：不允许在自动扶梯上使用购物车和行李车，因为这将导致危险状态。

一般认为造成上述危险状态的主要原因是：可预见的误用、超载及宽度距离限制。

如果在自动扶梯的周围可以使用购物车和（或）行李车，应设置适当障碍物阻止其进入自动扶梯的安全距离。详见图 9-18 现场实物结构所示。

图 9-18　自动扶梯安全防护

第四节　电梯工程中的安全系数与安全力

一、电梯工程中的安全系数

在 GB 7588—2003 的 9.2.2 中，安全系数是指装有额定载荷的轿厢停靠在最低层站时，一根钢丝绳（或一根链条）的最小破断负荷（N）与这根钢丝绳（或这根链条）所受的最大力之间的比值。计算最大受力时，应考虑下列因素：钢丝绳（或链条）的根数、回绕倍率（采用复绕法时）、额定载重量、轿厢质量、钢丝绳（或链条）质量、随行电缆部分的质量以及悬挂于轿厢的任何补偿装置的质量。

① 曳引绳的安全系数应不小于：

a. 采用 3 根或 3 根以上钢丝绳，其安全系数为 12；

b. 采用两根钢丝绳时，其安全系数为 16。

② 悬挂链的安全系数应不小于 10。

③ 层门悬挂部件的安全系数不得小于 8。

④ 限速器绳的安全系数应不小于 8。

⑤ 安全钳与导轨安全系数。

电梯设备中除悬挂部件有对安全系数的要求外，在安全钳型式试验总允许质量的计算中也有对安全系数的要求，详见 GB 7588—2003 的附录 F 中 3.2.4.2。GB 7588—2003 中 10.1.2.1 规定，在计算导轨许用应力时，其安全系数必须按表 9-1 确定。

表 9-1　导轨安全系数

载荷情况	伸长率 A_5	安全系数	载荷情况	伸长率 A_5	安全系数
正常使用	$A_5 \geq 12\%$	2.25	安全钳动作	$A_5 \geq 12\%$	1.8
	$8\% \leq A_5 \leq 12\%$	3.75		$8\% \leq A_5 \leq 12\%$	3.0

二、电梯工程中的安全力

安全系数是用比值来表示受力安全与否。这里所说的安全力，是用物理量来表示电梯设备对力的安全要求，其单位符号为 N。电梯设备中对安全力的要求有的地方为"不大于"，而有的地方则要求"不小于"，这有别于安全系数。电梯设备对安全力的要求主要如下。

① 对于动力操纵的自动门，其阻止关门的力应不大于150N（这个力的测量不得在关门行程开始的 1/3 之内进行）。

② 在对处于关闭位置的轿门试验其机械强度时，应使用 $300N/5cm^2$ 的力。

③ 对门锁装置进行静态试验时所施加的力，对于滑动门为 1000N，对于铰链为 3000N。

④ 对于停在靠近层站地方的轿厢门的开启，在断开门机电源的情况下，开门所需的力不得大于 300N。

⑤ 额定速度大于 1m/s 的电梯在运行时，在开锁区以外的地方，开启轿门的力应大于 50N。

⑥ 在轿顶的任何位置上，应能支撑两个人的重量，每个人按照 0.20m×0.20m 面积上作用力 1000N 计算，作用后无永久变形。

⑦ 当需要向上移动具有额定载重量的轿厢时，如果所需的力不大于 400N，驱动主机应装设手动盘车，以便将轿厢移动。当所需的力大于 400N 时，应设置紧急电动运行操作装置。

⑧ 限速器动作时，限速器绳的张紧力不得小于安全钳动作时所需拉力的 2 倍或 300N。

⑨ 轿厢自动门安全触板动作的碰撞力不应大于 150N。

第五节 电梯中的安全标志与安全色

一、电梯中的安全标志

安全标志是指用以表达特定安全信息的标志，由图形符号、安全色、几何形状或文字构成。GB 5083—1999《生产设备安全卫生设计总则》中 4.4.2 规定：生产设备易发生危险的部位，必须有安全标志。电梯有许多地方应设置标志、以便使乘客和维修人员了解该电梯的相关数据与须知，或增强乘客和维修人员的安全意识，保证电梯安全运行，防止发生人身害事故。我国电梯标志执行 GB/T 31200—2014《电梯、自动扶梯和自动人行道乘用图形标志及其使用导则》中相关内容。电梯的安全标志可分为说明类标志、提示类标志、指令类标志、警告类标志和禁止类标志。

1. 电梯工程中的说明类标志

这类标志主要指电梯设备铭牌。铭牌应由设备生产厂家提供并固定在适当位置。铭牌应清晰，字迹应清楚，固定应牢固。

① 轿厢内铭牌内容有轿厢额定载荷、乘客数量、生产厂家等。铭牌上的汉字、数字、大写字母高度不得小于 10mm，小写字母不得小于 7mm。

② 安全钳、限速器、缓冲器、层门锁紧装置铭牌，其内容除应标明设备名称、型号、生产厂家、生产日期外，还应标明型式试验标志及出处，限速器还应标明已测定好的动作速度。

③ 电动机、曳引机、制动器、控制柜等设备铭牌，除应标明设备名称、型号、生产厂家、生产日期外，还应标明其主要技术数据，如电动机额定容量、接线方式，曳引机速比、减速机型号等。

2. 电梯工程中的提示类标志

该类标志主要用数字、文字、图形符号来提醒人们注意，以防止发生事故。这类标志基本形式是正方形边框，图形符号为白色，衬底为绿色。

① 在承重梁和吊钩上应标明最大允许载荷，防止吊装时超载。

② 应在曳引轮旋转部位的边缘或附近，标明轿厢向上、向下时的旋转方向。限速器应标明与安全钳动作相应的旋转方向，以利于维修人员识别。

③ 曳引电动机轴端盖处应标明轿厢上、下行时电动机的旋转方向，以便于人工盘车时辨别。

④ 机房、轿厢操作盘内、轿厢顶操作盒、底坑操作盒等处设置的停止按钮，其旁边应标示"停止"字样。

⑤ 轿顶操作盒、机房等处设置的检修开关所处检修、正常位置的地方，应标示"检修""正常"字样，以便于操作者识别。

⑥ 轿顶操作盒、机房等设有上、下行方向按钮旁边，应标示出轿厢运行"上""下"字样，以避免错误操作的可能。

⑦ 紧急开锁三角钥匙上，应附带有说明文字的小牌，提醒人们注意使用此钥匙可能引起的危险，并注意在层门关闭后应确认其已经锁牢。

⑧ 机房控制柜、曳引机、主开关应有相互对应的编号，以防止错误操作的可能。

⑨ 曳引绳上轿厢位置标记，GB 7588—2003 中 12.5.1.2 规定：在机房内应易于检查轿厢是否在开锁区。例如，这种检查可借助于曳引绳或限速器绳上的标记。在曳引绳上做标记，可以在机房内检查轿厢的位置，其方法是：在机房主机承重梁上做一标记，将轿厢逐一平层，每当平层时在曳引绳上做一层站标记，该标记与承重梁上标记相对应。做标记的方式有多种，楼层较低时，比如 6 层 6 站电梯，曳引绳为 6 根时，则可采用对应法，即第一根绳代表一层楼，依次类推，当第 5 根绳标记写承重梁上标记对应时，就表示轿厢处在 5 层平层位置。对于绳少楼层多时，可采用二进制或 8421 制表示法，将表示方法制成表格，挂在机房显眼位置。标记一般用黄色，其长度为 200～250mm，两端做特殊标记，标记应明显且不会被曳引机挡住视线。标记的作用是当电梯断电时或故障停梯时，在机房可能知道轿厢所处位置，便于处理故障或手动操作电梯。

提示类标志应设在明显、不会出现误操作的地方，并应易于识别。

3. 电梯工程中的指令类标志

该类标志是强制人们必须做到某种动作或采用防范措施的图形标志。其基本形式是图形边框，图形符号为白色，衬底为蓝色。主要有：

① 在电梯安装现场，凡进入人员必须戴安全帽；

② 在 2m 以上高度作业时必须使用安全带；

③ 焊工电焊时必须戴防护眼睛；

④ 电工作业时必须穿防护鞋；

⑤ 在粉尘作业中必须戴防尘口罩。

4. 电梯工程中的警告类标志

该类标志是提醒人们对周围环境引起注意，以避免可能发生危险的图形标志。其基本形式是正三角形边框，三角形边框的图形为黑色，衬底为黄色。在警告类标志旁边，往往还附有警告语言。警告语言应通俗易懂、上口好记，字迹应清晰、规范，如：

① 井道检修门近旁设有"电梯井道危险，未经许可禁止入内"等警示语言；

② 通往机房和滑轮间的门或活板门的外侧应设有"电梯曳引机危险，未经许可禁止入内"等警示语言或警告标志；

③ 对于活板门，应设永久可见的"谨防坠落——重新关好活板门"等警示语言或警告标志；

④ 在层门三角钥匙孔的周边，应贴有圆形警告语言："禁止非专业人员使用三角钥匙；门开启时，先确定轿厢位置"。

5. 电梯工程中的禁止类标志

该类标志是禁止人们不安全行为的图形标志。其基本形式为带斜杠的圆形框，圆环和斜杠为红色，图形符号为黑色，衬底为白色。如在电梯施工中，有时使用的"禁止合闸""禁止动火"，自动扶梯入口贴有"禁止婴儿车进入"等即是。

安全标志应设在明显位置，高度应稍高于人的视线，色彩鲜明并符合安全色要求，图案应清晰，字迹要规范，大小合乎要求。

除以上标志外，电梯维修单位须在其维保电梯的基站设立安全服务标识牌，其内容包括维修单位名称、负责人（联系人）、联系电话等。电梯发生故障时，可以及时与维修人员取得联系，这既是维修单位面向社会自我宣传的窗口，又是接受群众监督的好举措。

关于安全标志图例，下面摘录部分电梯行业可能用到的安全标志。资料来源于 GB 2894—2008《安全标志及其使用导则》和欧洲电梯协会出版的《Signs for the lift and escalator industry》。

（1）基本安全标志

① 提示类标志（图 9-19）

安装人员 The installer　按按钮 Press button　目视检查 Visual Check　维修保养处 The maintenance　业主 Company the owner　仪器检查 Check with instrument

噪声检查 Check noise　注润滑油 Lubrication　专业人员 Authorised person　紧急出口 Emergent exit　可动火区 Flare up region

图 9-19　提示类标志

② 指令类标志（图 9-20）

必须戴防护眼镜 Must wear protective goggles　必须戴安全帽 Must wear safety helmet　必须穿防护鞋 Must wear protective shoes　必须系安全带 Must fastened safety belt　必须加锁 Must be locked　必须戴防尘口罩 Must wear dustproof mask

图 9-20　指令类标志

③ 警告类标志（图 9-21）

注意安全 Caution danger　当心吊物 Caution hanging　当心触电 Danger electric shock　当心坠落 Caution drop down　当心电缆 Caution cable　当心机械伤人 Caution mechanical injurey　当心落物 Caution falling objects

当心滑跌 Caution slip　当心伤手 Caution injure hand　当心绊倒 Caution stumbling　当心塌方 Caution Coollapse　当心坑洞 Caution potholes　当心扎脚 Caution pinpricks　当心火灾 Caution of fire

图 9-21　警告类标志

④ 禁止类标志（图 9-22）

禁止吸烟
No smoking

禁止跨越
No striding

禁止通行
No thoroughfare

禁止启动
No starting

禁止攀登
No clambing

禁止靠近
No nearing

禁止乘人
No riding

禁止转动
No turning

禁止入内
No entering

禁止堆放
No stocking

禁止触摸
No touching

禁止合闸
No switchingon

禁止停留
No stopping

禁止抛物
No tossing

禁止放易燃物
No stacking flammable

禁止烟火
Fire ban

禁止跳下
No jumping dowm

图 9-22　禁止类标志

（2）升降电梯安全标志（图 9-23）

禁止叉车进入
Use of forklift truck forbidden

禁止人员乘用
Use by persons forbidden

当心无防护钢丝绳
Warning:unguarded sheave hazards

当心自动门关闭
Warning:closing of automatic

井道内当心上部挤压
Warning:overhead crush hazard in boistway

底坑内当心挤压
Warning:pit crush hazard

当心坠落物
Warning:danger of falling objects

乘客电梯
Passenger lift

货物电梯或杂物电梯
Goods only lifts or service

残疾人电梯
Lift for use by disabled

汽车电梯
Lift used by cars

消防电梯
Fire-fighting lift

病床电梯
Transport of hospital beds accompanied by authorized staff

双向通话系统
Two-way communication system

应由专业人员进行应急开锁操作
Usd of emergency unlocking key by authorised person only

保持应急开锁应在安全可靠处
Keep the emergency unlocking key in a secure place only

图 9-23　升降电梯安全标志

（3）自动扶梯和自动人行道安全标志（图 9-24）

禁止购物车进入
Use of supermarket trolley
on escalators forbidden
　禁止行李车进入
Use of luggage trolley
forbidden on escalator
　禁止婴儿车进入
Use of pram forbidden on escalator
　当心梯级伤害
Warning escalator crush hazard

自动扶梯运行方向
Escalator this way
　请抱起宠物
Carry your animal
　请握住扶手，腿部的护栏保持距离，
面对运行方向站立
Face running direction with a distance of the
legs to the balustrade and hold the handrail

请右侧站立
Stand right/walk left
　儿童应由成人陪同乘坐，并站立于成人前面
Children to be accompanied by adults

图 9-24　自动扶梯和自动人行道安全标志

二、电梯工程中的安全色

1. 安全与颜色

颜色是一种形象语言，有其特定的意义，不同的颜色给人以不同的感受。人们常用颜色表达情感，安全色就是传递安全信息含义的颜色，包括红、蓝、黄、绿四种颜色。GB 5083—1999《生产设备安全卫生设计总则》中 4.4.2 规定：设计生产设备时，应使用安全色。GB 2893—2008《安全色》中把红色视为禁止、停止、危险及消防设备的意思，凡是禁止、停止、消防和有危险的器件或环境，均应涂以红色的标记作为警示的信号。蓝色表示指令，要求人们必须遵守的规定。黄色表示提醒人们注意，凡是警告人们注意的器件设备及环境，都应以黄色表示。绿色表示给人们提供允许、安全的信息。

2. 电梯中安全色的应用

我国电梯标准中对安全色的使用也有规定，主要有以下几方面：

① 紧急停止开关蘑菇钮应为红色；
② 报警开关按钮应为黄色；
③ 盘车手轮涂以黄色，开闸扳手应涂以红色；
④ 限速轮和曳引轮应涂以黄色，至少其边缘应涂以黄色，以警示切勿触及；
⑤ 限速器整定部位的封漆为红色；
⑥ 机房中的吊钩应用红色数字标出最大载荷量；
⑦ 限速器动作方向、曳引轮旋转方向箭头标志为红色；

⑧ 超载信号闪烁灯应为红色；

⑨ 对于轿厢运行方向指示灯颜色，国标中未做规定，但许多生产厂家采用绿色箭头灯显示运行方向，以示安全运行；

⑩ 电梯电气线路供电系统中，依据电气供电有关规定，L1（A 相）—黄色，L2（B相）—绿色，L3（C 相）—红色，P（工作零线）—黑色，PE（保护零线）—黄绿双色。

国际规定红黄两色不应用于其他按钮，但是，这两种颜色可用于发光的"呼唤登记"信号。

思　考　题

9-1　什么是电梯悬挂钢丝绳的安全系数？采用两根、三根（或三根以上）钢丝绳的曳引驱动电梯的安全系数分别是多少？

9-2　为什么要在轿厢和井道之间设置安全距离？

9-3　电梯中的安全标志可以分为哪几类？

第十章　电梯施工现场常用的应急措施和事故应急处理

第一节　电梯使用中应急处理

一、电梯的不安全状态

电梯是一种机电一体化设备，是一种特殊的交通工具。在施工、使用过程中会有许多不安全状态：

① 选层后关闭厅门、轿门，门已闭合而不能正常启动行驶；

② 轿门没有闭合而电梯仍能启动行驶；

③ 电梯运行方向与选层方向相反；

④ 电梯运行速度有明显变化；

⑤ 内选单层、换速、召唤和指层信号失灵、失控；

⑥ 电梯在正常条件下运行，安全钳突然发生动作；

⑦ 运行中发现有异常噪声、较大振动、冲击；

⑧ 电梯在正常负荷下，有超越端站位置继续行驶，造成冲顶或蹲底；

⑨ 电梯在行驶中突然停电或无故停车，停车不开门，厅门可随意从外面人为扒开；

⑩ 电梯部件过热而散发出灼热烧焦的气味；

⑪ 人接触到任何金属部分有麻电现象；

⑫ 电梯发生湿水事故时。

当发现电梯出现上述异常情况时，不管是司机、乘客，还是其他人员，均应立刻停止使用电梯，并通知管理处、电梯维修人员进行维修，待故障排除后方可使用。任何时候，严禁电梯带病运行。

二、对电梯出现异常情况的处理

① 电梯开、关门不正常或关门后电梯不运行。此时可按开门按钮后再次关门，若开关门仍不正常或关门后电梯仍不能运行，应停止使用此电梯。

② 门未关电梯启动运行。由于某种原因，电梯厅、轿门未关闭就启动（轻载时向上，重载时向下）。此时乘客不要惊慌，不可妄动，绝不能企图逃离轿厢，这样会发生剪切、挤

压等伤害。

厅外人员在发现电梯门未关就启动时，应立刻停止进入轿厢，退至安全地带。如轿厢离开时厅门仍未关闭，此时厅外人员应设法做好防护或派人员把守，同时通知管理处、电梯维修人员到场处理。

③ 当发现电梯的运行速度有明显变化且电梯失控时，不要惊慌，更不能企图逃离轿厢。正确的做法是乘客远离轿门，屈膝踮脚，应对电梯安全装置起作用引起的轿厢急停或撞击引起的反弹所带来的冲击，免遭或减轻伤害。

④ 电梯在停止运行后开门但不平层，即轿厢高出或低于厅门地坎，此时乘客仍可离开轿厢。应依次离开，不得拥挤，同时应看清地面情况，防止跌倒。

电梯停梯后不开门或仍继续运行，乘客不可急躁，不可强行扒门。正确的做法是按报警铃救助或拨打报警电话，等候解救（电梯轿内应张贴有维修服务电话及救援电话）。

⑤ 当接触电梯的任何金属部分有麻电现象时，应立即停止使用电梯并切断全部电源，等待处理。

⑥ 在电梯运行过程中，闻到电梯任何部位发出焦糊的气味，应立即停止使用电梯。由维修或管理人员检查电动机是否过热，制动器是否打开，接触器、接线端子是否打火，电线、电缆、杂物是否燃烧。

⑦ 在电梯运行过程中，发现有异常噪声、较大振动、冲击时，应立即停止使用电梯。由维修人员检查主机、导轨、轿厢、对重装置、补偿链等是否正常。

⑧ 发生火灾时应立即停止电梯运行，并采取如下措施。

a. 及时与消防部门取得联系并报告有关领导。

b. 发生火灾时，对于有消防运行功能的电梯，应立即按动"消防按钮"，使电梯进入消防运行状态，供消防人员使用。对于无此功能的电梯，应立即将电梯直驶到首层并切断电源或将电梯停于火灾尚未蔓延的楼层。

c. 使乘客保持镇静，组织疏导乘客离开轿厢，从消防楼梯撤走，将电梯置于"停止运行"状态，用手关闭厅门并切断总电源。

d. 井道内或轿厢发生火灾时，应即刻停梯疏导乘客撤离，切断电源，用二氧化碳、干粉和灭火器灭火。

e. 共用井道中有电梯发生火灾时，其余电梯应立即停于远离火灾蔓延区，并切断电梯总电源，相邻建筑物发生火灾时也应停梯，以免因火灾而停电造成困人事故。

⑨ 对于破坏性地震，将由省、自治区、直辖市人民政府发布临震预报，有关地方人民政府在临震应急期，将根据实际情况向预报区居民发布紧急处理措施，电梯是否停运、何时停运，应由有关部门决定，电梯管理部门应遵照执行。

对于震级和烈度较大，震前又没有发出临震预报而突然发生的地震，很可能来不及采取措施，在这种情况下，一旦有震感，应就近停梯，乘客离开轿厢就近躲避。如被困在轿厢内，则不要外逃，保持镇静待援。地震过后应对电梯进行检查和试运行，正常后，方可恢复使用。

当震级为 4 级以下、烈度为 6 度以下时，应对电梯进行如下检查：

a. 检查供电系统有无异常；

b. 电梯井道、导轨、轿厢有无异常；

c. 以检修速度做上下全程运行，发现异常即刻停梯，并使电梯反向运行至最远层站停梯，通知专业维修人员检查修理。如上下全程运行无异常现象时，再多次往返试运行后，方可投入运行。

当地震震级为4级（含4级）以上、烈度为6度以上时，应由专业人员对电梯进行安全检验，无异常现象或对设备进行检修后方可试运行。经多次试运行一切正常后，方可投入使用。

⑩ 电梯湿水处理。电梯机房处于建筑物最高层，底坑处于建筑物最底层，井道通过层站与楼道相连。机房会因屋顶或门窗漏雨而进水。底坑除因建筑防水层处理不好而渗水外，还会因暖气及上下水管道、消防栓、家庭用水等的泄漏，使水从楼层经井道流入底坑。发生洪水时，井道、轿厢也会遭水淹。当发生湿水事故时，除从建筑设施上采用堵漏措施外，还应采取如下应急措施：

a. 当底坑内出现少量进水或渗水时，应将电梯停在二层以上，停止运行，断开总电源；

b. 当楼层发生水淹而使井道或底坑进水时，应将轿厢停于进水层站的二层以上，停梯断电，以防止轿厢进水；

c. 当底坑井道或机房进水很多，应立即停梯，断开总电源开关，防止发生短路、触电等事故；

d. 发生湿水时，应迅速切断漏水源，设法使电气设备不进水或少进水；

e. 对湿水电梯应进行除湿处理，如采取擦拭、热风吹干、自然通风、更换管线等方法。确认湿水消除，绝缘电阻符合要求并经试梯无异常后，方可投入运行，对微机控制电梯，更需仔细检查以免烧毁线路板；

f. 电梯恢复运行后，详细填写湿水检查报告，对湿水原因、处理方法、防范措施记录清楚并存档。

⑪ 运行中的电梯会因停电、故障等原因而突然停梯，可能造成乘客被困在轿厢内，此时电梯管理人员或维修人员应先确定轿厢内是否有人员，可采用对讲电话、监控装置、喊话等方式与轿内人员联系。轿厢内人员应及时通过按报警铃、轿厢内通话装置、拨打轿厢内张贴的紧急联系电话等方式，与外界取得联系，并采用如下方法处理：

a. 如有司机操作，司机应对乘客说明原因，使乘客保持镇静并与维修人员联系，配合盘车放人；

b. 如无司机操作，维修人员应与轿厢内被困人员取得联系，说明原因，使乘客保持镇静等待，有备用电源的应及时启用；

c. 如恢复送电需较长时间，则应进行盘车放人操作，解救被困乘客，盘车放人的操作步骤、方法等见本章第三节"电梯事故的应急准备与响应及处理"；

d. 恢复送电后，及时与轿厢内乘客联系，重新选层走梯。

⑫ 在遭受台风或暴风雨袭击时，首先要将建筑物内各门窗关闭，防止雨水进入溅湿或浸泡电梯设备，引起电气短路，造成人员触电伤害或设备损坏。若判断暴风雨可能导致雨水进入电梯机房时，应提前停止电梯运行。若雨水已进入机房，应立即切断电梯的总电源开关，停止运行，暴雨过后，应按⑩的要求进行处理。

⑬ 建筑物发生雷击并造成电梯供电电源跳闸，导致电梯停止运行，此时不应恢复电梯的供电电源，待雷击过后，由专业维修人员对电梯的电气设备和元器件进行全面检查、修理，要测量动力线路和控制线路的绝缘电阻，应符合有关技术要求；导体之间和导体对地之间的绝缘电阻应大于$1000\Omega/V$，并且其值不得小于：a. 动力电路和电气安全装置电路电阻

为 0.5MΩ；b. 其他电路（控制、照明、信号等）电阻为 0.25MΩ。对于遭受雷击的电气元器件，不论性能如何都要更换。

第二节 电梯施工现场常用的应急措施

电梯施工现场，出现紧急情况时，可采用的应急措施有报警等6项。

一、报警

发生各种危难，都可以通过拨打报警电话而获得相关部门有效和及时的救援。

（1）"119"火警电话 报警时，拨通"119"后，要讲清着火的单位名称、街道门牌号等详细地址、着火物质、火情大小以及报警人的姓名与电话号码。

（2）"110"报警电话 遭遇坏人袭击或发现有人盗窃时，利用一切机会及时拨打"110"电话，讲清自己的姓名、发生事故的地点及所使用的电话号码，然后将案情简要报告，包括犯罪分子的人数、面貌与衣着特征、作案手段、逃逸方向等，提供尽可能多的线索，并保护好案发现场。

（3）"120"急救电话 无论在何时何地发现危重病人或意外事故，都可拨打"120"，请求急救中心（站）进行急救。通话中，要讲清楚病人的姓名、年龄、目前病情、详细地址、电话号码以及等待救护车的确切地点，最好讲清户外易识别的建筑物。意外灾害事故，还需说明伤害性质、受伤人数等情况。

二、火灾现场的逃生

遇有火警发生时，应迅速准确地打"119"报警，并积极参与扑救初期火灾，防止火势蔓延。当火势难以控制时，要镇定情绪，设法逃生。

火灾逃生要注意以下几点。

① 不要惊慌，要尽可能做到沉着、冷静，更不要大吵大闹、互相推拥。

② 正确判断火源、火势和蔓延方向，以便选择合适的逃生路线。

③ 回忆和判断安全出口的方向、位置，以便能在最短时间内找到安全出口。

④ 发扬互助友爱的精神，听从指挥，有秩序地撤离火场。

⑤ 当被烟火包围时，要用湿毛巾捂住口鼻，低姿势行走或匍匐穿出现场。当逃生通道被火封住，可用湿棉被等披在身上弯腰冲过火场。

⑥ 当逃生通道被堵死时，可通过阳台排水管等处逃生，或在固定的物体上拴绳子，顺绳子逃离火场。如果上述措施不通，则应退回室内，关闭通往火区的门窗，并向门窗上浇水，延缓蔓延，同时向窗外发出求救信号。

⑦ 当高层建筑着火时，应按照安全出口的指示标志，尽快地从安全通道和室外消防楼梯安全撤出，切勿盲目乱窜或奔向电梯。如果情况危急，急欲逃生，可利用阳台之间的空隙、下水管或自救绳等滑行到没有起火的楼层或地面上，但千万不要跳楼。如果确实无力或没有条件用上述方法自救时，可紧闭房门，减少烟气、火焰的侵入，躲在窗户下或到阳台避烟。单元式住宅高楼也可沿通道至屋顶的楼梯进入楼顶，等待到达火场的消防人员解救。总之，在任何情况下，都不要放弃求生的希望。

⑧ 如现场慌乱秩序不能平息，找不到逃生的通道和出口，自己已经不由自主地被卷

121

人杂乱的人流，甚至被挤压践踏时，可以采取一些自我保护的方法。在慌乱人群中，应用双手抱头，两肘朝外，尽快松开衣扣，确保呼吸畅通和心脏不受挤压，用肩和背部承受外部的压力，注意避免使自己的身体靠在墙上或被挤到墙角、栅栏旁边，要尽快走近通道。如果被挤倒，人群从身上踩过，应双手抱住后脑勺，两肘支地，胸部稍离地面，以免窒息死亡。

三、触电伤害事故的急救

当发现有人触电后，应迅速展开急救工作，动作迅速、方法准确最为关键。

① 首先应迅速切断电源。若电源开关距离较远，可用绝缘体拉开触电者身上的电线，或用带绝缘柄的工具切断电线。切勿用金属材料或潮湿物体作救护工具，更不可接触触电者身体，以防自己触电。

② 当触电者脱离电源后，应根据其具体情况，迅速对症救治。对伤势不重、神态清醒者，应使其安静休息，再送往医院观察。对伤势较重，已失去知觉，但心脏跳动和呼吸还存在，应使其舒适、安静地平卧，并速请医生诊治或送往医院。对伤势严重、呼吸停止者，应立即施行人工呼吸和胸外心脏挤压，并速请医生诊治或送往医院。必须注意，急救要尽快进行，不能等候医生，在送往医院的途中也不能中止急救。

③ 人工呼吸法。施行人工呼吸，以口对口人工呼吸效果最好。捏紧被救者鼻孔，深吸一口气后紧贴被救者的口，向其口内吹气，时间约为 2s。吹气完毕后，立即离开被救者的口，并松开其鼻孔，让其自行呼气，时间约为 3s。以每分钟约 12 次的速度进行。

④ 胸外心脏挤压法。救护者跪在被救者一侧或骑跪在其腰部两侧，两手相叠，手掌根部放在被救者心窝上方、胸骨下方的位置，掌根用力垂直向下挤压，以压出心脏里面的血液。挤压后迅速松开，胸部自动复原，血液充满心脏。以每分钟 60 次的速度进行。一旦被救者心脏和呼吸都停止跳动时，应当同时进行口对口呼吸和胸外心脏挤压。如现场只有一个人抢救，可以两种方法交替使用，每吹气 1~3 次，再挤压 10~15 次。抢救要坚持不断，切不可轻率终止，运送途中也不能停止抢救。

四、机械伤害急救

1. 休克、昏迷急救

其一般按以下程序处理。

① 让休克者平卧，不用枕头，腿部抬高 30°。若属于心源性休克同时伴有心力衰竭、气急，不能平卧时，可采用半卧。注意保暖和安静，尽量不要搬动，如必须搬动时，动作要轻。

② 吸氧和保持呼吸道畅通。用鼻导管或面罩给氧。危重病人根据情况给予鼻导管或气管内插管给氧。

③ 立即与医务工作者联系，请医生治疗。

2. 骨折急救

工作现场发生严重骨折时，必须迅速采取紧急救护。对于骨折伤者，正确的固定是最重要的。固定的方法如下。

① 固定断骨的材料可就地取材，如棍、树枝、木板、拐杖、硬纸板等，长短要以能固定住骨折处上下两个关节或不使断骨错动为准。

② 脊柱骨折或颈部骨折时，除非是特殊情况，如室内失火，否则应让伤者留在原地，等待携有医疗器材的医务人员来搬动。

③ 抬运伤者，从地上抬起时，要多人同时缓缓用力平托。运送时，必须用木板或硬材料，不能用布担架或绳床。木板上可垫棉被，但不能用枕头，颈椎骨骨折伤者的头须放正，两旁用沙袋将头夹住，不能让头随便晃动。

3. 出血急救

严重出血会危及生命，及时有效的现场止血，对挽救伤者的生命具有极其重要的作用。常用的止血方法如下。

（1）一般止血法 一般伤口小的出血，先用生理盐水（0.9% NaCl 溶液）冲洗伤口，再涂上碘酒或医用酒精，然后盖上消毒纱布，用绷带较紧地包扎。

（2）压迫带止积压法 严重出血时使用，适用于头、颈、四肢动脉大血管出血时的临时止血。即用手指或手掌用力压住比伤口靠近心脏更近部位的动脉跳动处（止血点）。只要位置找得准，这种方法能马上起到止血的作用。身体上通常的止血点有 8 处，一般来讲上臂动脉、大腿动脉、桡骨动脉是较常用的。上臂动脉：用 4 个手指掐住上臂的肌肉并压向臂骨；大腿动脉：用手掌的根部压住大腿中央稍微偏上点的内侧；桡骨动脉：用 3 个手指压住靠近大拇指根部的地方。

（3）其他止血方法 有止血带止血法、加压包扎止血法和加垫屈肢止血法等多种。

五、化学品伤害的急救

① 当有人急性中毒时，应迅速组织现场急救，使患者立即脱离中毒现场，不让其继续接触毒物。随后将患者移到空气流通处，保持呼吸畅通，并迅速解开患者衣服、纽扣、腰带，同时注意保暖。对皮肤、衣服被污染者，应立即脱去污染衣服，用温水、清水洗净皮肤。严重者一定要抓紧时间送医院诊治。

② 若是因气体或蒸汽中含有毒物引起中毒，应迅速给中毒者吸氧，纠正机体缺氧，加速毒物排出。若是经口入而中毒时，应迅速进行引吐、洗胃。常用洗胃剂为 1：5000 高锰酸钾溶液或 2%～4% 碳酸氢钠溶液、生理盐水或温开水。严重者一定要抓紧时间送医院诊治。

③ 发现有人煤气中毒时，应用湿毛巾捂住口鼻，打开门窗，将中毒者移至空气新鲜处，使其呼吸道畅通。对中毒较重的病人，应立即进行人工呼吸和胸外心脏挤压抢救，并立即送医院治疗。

六、中暑病人的急救

中暑是人在高温的环境下，由于身体热量不能及时散发，体温失调而引起的一种疾病。轻者会全身乏力、头晕、心慌，重者可能昏迷不醒。

一旦发生中暑，应立即采取措施进行急救。

① 让患者躺在阴凉通风处，松开衣扣和腰带。能喝水时，应马上喝凉开（茶）水、淡盐水（或西瓜汁）等，也可给病人服用十滴水、仁丹、藿香正气片（水）等消暑药。同时用湿毛巾包敷患者的头部和胸部，不断给其扇风吹凉。患者高热、昏迷、呼吸困难时，需进行人工呼吸，并及时送往医院治疗。

② 预防中暑的简便方法是：平时应有充足的睡眠和适应的营养；工作时，应穿浅色且透气性好的衣服，备好消暑解渴的清凉饮料和一些防暑的药物。

第三节　电梯事故的应急准备与响应及处理

一、电梯事故的种类

电梯是较复杂的机电合一的产品，属于危险性较大的特种设备范畴。其特点是现场组装，终身维修保养。电梯本身设置了许多安全装置，但由于电梯操作者、使用者的不安全行为、电梯运行环境等多方面的原因，使得电梯事故屡有发生。

根据《特种设备安全监察条例》，电梯事故按其所造成的人员伤亡和破坏程度，可分为特别重大事故、重大事故、较大事故和一般事故。其具体分类如表 10-1 所示。

表 10-1　按人员伤亡和破坏程度分类的电梯事故

分类	内容
特别重大事故	造成死亡 30 人（含 30 人）以上，或者重伤（包括急性中毒，下同）100 人（含 100 人）以上，或者直接经济损失 1 亿元（含 1 亿元）以上的设备事故
重大事故	造成死亡 10～29 人，或者受伤 50～99 人，或者直接经济损失 5000 万元（含 5000 万元）以上、1 亿元以下的设备事故
较大事故	造成死亡 3～9 人，或者重伤 10～49 人，或者直接经济损失 1000 万元（含 1000 万元）以上、5000 万元以下的设备事故
一般事故	造成死亡 1～2 人，或者重伤 10 人以下，或者直接经济损失 1 万元以上（含 1 万元），以及 1000 万以下，无人员伤亡的设备爆炸事故

电梯事故按其表现形式来分，可分为人身伤害事故、设备损坏事故和复合性事故，其具体分类如表 10-2 所示。

表 10-2　按表现形式分类的电梯事故

分类	内容
人身伤害事故	（1）坠落。比如因层门未关闭或从外面能将层门打开，轿厢又不在此层，造成受害人失足，从层门处坠入井道。 （2）剪切。比如当乘客踏入或踏出轿门的瞬间，轿厢突然启动，使受害人在轿门与层门之间的上下门槛处被剪切。 （3）挤压。常见的挤压事故，一是受害人被挤压在轿厢围板与井道壁之间；二是受害人被挤压在底坑的缓冲器上，或是人的肢体部分（比如手）被挤压在转动的轮槽中。 （4）撞击。常发生在轿厢冲顶或墩底时，受害人的身体撞击到建筑物或电梯部件上。 （5）触电。受害人的身体接触到控制柜的带电部分，或施工操作中人体触及到设备的带电部分及漏电设备的金属外壳。 （6）烧伤。一般发生在火灾事故中，受害人被火烧伤。在使用喷灯浇注巴氏合金的操作中，以及电焊和气焊的操作时，也会发生烧伤事故
设备损坏事故	（1）机械磨损。常见的有曳引钢丝绳将曳引轮绳槽磨损或钢丝绳断丝，有齿曳引机蜗轮蜗杆磨损过大等。 （2）绝缘损坏。电气线路或设备的绝缘损坏或短路，烧坏电路控制板；电动机过负荷，其绕组被烧毁。 （3）火灾。使用明火时操作不慎引燃易燃物品，或电气线路绝缘损坏，造成短路，接地打火引起火灾发生，烧毁电梯设备，甚至造成人身伤害。 （4）渗水。常发生在井道或底坑进水，造成电气设备浸水或受潮甚至损坏，机械设备锈蚀
复合性事故	事故中既有对人身的伤害，同时又有设备的损坏。比如发生火灾时，既造成了人的烧伤，也损坏了电梯设备。又如制动器失灵，造成轿厢坠落损坏，轿厢内乘客受到伤害等

二、电梯事故应急救援预案

电梯使用单位在生产和服务过程中，对可能发生的电梯事故应做出有效的积极响应，建立电梯事故应急救援预案（表 10-3），以避免或降低事故的后果和范围。

表 10-3　电梯事故应急救援预案

电梯事故应急救援预案
为加强对电梯安全事故防范，及时做好安全事故发生后的救援处置工作，最大限度地减少事故造成的损失，维护正常的社会秩序和工作秩序，根据《中华人民共和国安全生产法》和《特种设备安全监察条例》的要求，结合企业实际，特制定电梯安全事故应急救援预案。 一、本预案的适用范围 本预案所称安全事故，是适用于本单位服务范围内发生的电梯人身伤害事故、设备损坏事故、复合性事故，以及"困人"救援演习。特指在电梯安装现场或维修保养的电梯突然发生的，造成或可能造成人身安全和财物损失的事故。事故类别包括： （1）电梯困人故障； （2）由于剪切、坠落等原因造成的人身伤亡事故； （3）由于触电等原因造成的人身伤亡事故； （4）其他安全事故。 安全事故的具体标准，按国家或行业、地方的有关规定执行。 二、应急救援组织机构 （1）成立电梯安全事故应急救援指挥部（以下简称救援指挥部），参与现场抢险救援工作。 （2）设立现场救援组，由各安装、维修班组人员兼职组成，负责组织现场具体抢险救援工作。 三、应急救援组织的职责 （1）指挥部职责 ①组织有关部门按照应急救援预案迅速开展抢救工作，防止事故的进一步扩大，力争把事故损失降到最低程度。 ②根据事故发生状态，统一布置应急救援预案的实施工作，并对应急处理工作中发生的争议采取紧急处理措施。 ③根据预案实施过程中发生的变化和问题，及时对预案进行修改和完善。 ④紧急调用各类物资、人员、设备。 ⑤当事故有危及周边单位和人员的险情时，组织人员和物资疏散工作。 ⑥配合上级有关部门进行事故调查处理工作。 ⑦做好稳定秩序和伤亡人员的善后及安抚工作。 （2）现场指挥长的主要职责 ①负责召集各参与抢险救援部门的现场负责人研究现场救援方案，制定具体救援措施，明确各部门的职责分工。 ②负责指挥现场应急救援工作。 （3）副指挥长的职责 负责组织实施具体抢险救援措施工作。 （4）现场救援组的职责 ①抢救现场伤员。 ②抢救现场物资。 ③保证现场救援通道的畅通。 四、实施与处理 发生事故或拟定救援演习后，实施救援。专业应急救援人员到达现场后，具体实施应急救援或演习。 （1）报告制度 ①发生电梯安全事故后，现场负责人、操作人员应在第一时间内把事故情况向救援领导小组报告。如发生严重事故以上种类时，救援领导小组应立即上报市质监局。事故报告应包括：事故发生的时间、地点、设备名称、人员伤亡、经济损失以及事故概况。事故概况，如整机倾翻、坠落、剪切、设备主构件断裂、炽热金属物质意外发生等。 ②进行"困人"救援演习，现场负责人应精心组织，并向有关部门报告备案。模拟被困人员或现场负责人拨打维修电话求援，要求在电梯困人时按规定的时间（社区要求抵达时间不超过 30 分钟，其他地区一般不超过 1 小时）赶到。

（2）现场保护

①为了进一步调查事故发生原因，吸取教训，以及善后处理，事故发生后的现场应注意保护，除非因抢救伤员必须移动现场物件外，未经救援小组组长或副组长同意，一律不能破坏现场。必须移动现场物件时，最好事先摄像保存原始性或做好移动标记。要妥善保护现场的重要痕迹、物证等。

②"困人"救援演习现场也要做好秩序维护工作，以防止演习中发生不应出现的问题。

③救援工具。应急救援或演习工具必须配备安全检测仪器，消防设施、器材及材料，个人防护用品，救护器材，照明设施，通信设备和器材，破拆工具，以及电梯设备相关技术资料等。

④公布内外部联络渠道

a. 应在轿厢内张贴单位名称、电话号码及 24 小时值班电话。

b. 在电梯轿厢内还应公布质量技术监督部门、医院、消防等部门的联络方式、地址、电话及使用单位其他相关部门联系方式。

⑤救援实施方法和步骤。每年协同一到两个电梯使用单位组织一次应急救援"困人"演习，使相关岗位人员熟悉预案的内容和措施，提高应急处理能力。

（3）事故处理

①救援小组查明事故原因和危害程度，确定救援方案，组织指挥救援行动。

②设立警戒线，抢救伤员，保护现场，防止事故扩大，疏通交通道路，引导救护车、救火车等。需移动现场物件的，应摄像保存或做出标识，绘制现场简图，做出书面记录。

③使受伤人员尽快脱离现场，根据需要拨打 120、119。

④易燃、易爆、有毒及炽热金属等特别物件，应迅速采取对策，及时处理。

⑤对抢救救灾人员进行安全监护，保证抢救人员绝对安全，防止事故进一步扩大。

（4）"困人"救援或演习的实施办法和步骤

①及时与被困人员取得联系，安抚受困人员不要慌张，保持镇定，安静等待救援，不要扒门或将身体任何部位伸出轿厢外（指轿厢未平层且电梯门被打开的情形）。

②迅速和电梯使用单位取得联系，告之电梯发生困人事件。

③尽量确认被困人员所在轿厢位置，防止其他在电梯外等候的乘客对设备采取不理智的举动。在一层和故障层设好防护栏，防止意外事故发生。

④若得知被困人员中有伤、病员，应做好其他救援准备。

⑤救援人员到达现场后，应按电梯应急管理和电梯困人救援程序的办法进行。

五、总结

处理完毕后，对所存在问题进行分析，归档，提出改进意见。

三、电梯困人救援程序

① 接到电梯困人报警后，组织人员进行救援，同时对被困人员进行安慰。

安慰的话语："请不要着急，现在电梯出现了一些故障，请站在电梯里不要乱动，不要爬窗，不要用手扒门，我们立即组织人员过来救援。"

问清以下几个问题：

a. 被困电梯的层数；

b. 被困人员的层数；

c. 有无体弱者，如孕妇、老年人，有没有伤员。

救援工作必须两人以上才可以进行。救援人员在执行救援任务时，随带电梯机房钥匙和电梯三角钥匙。

② 到达指定位置后，根据楼层示意灯观察电梯位置。当无楼层指示时，逐层敲门，确定电梯轿厢的大概位置。

③ 到电梯轿厢所在位置后，与被困人员取得联系或用机房电话与被困人员取得联系，通知他们：

a. 保持镇静，并说明轿厢随时可能移动，不要惊慌；

b. 不要爬窗，不要扒门，尽量站在电梯轿内中央。

④ 进入机房，关闭故障电梯电源开关（要确定故障电梯）。

⑤ 实施手动盘车程序：

a. 一人把持住盘车轮后，另一人手动掣动释放杆，打开抱闸（注意先后顺序）；

b. 打开抱闸时要以点击的方式，两人相互配合，防止溜车；

c. 注意观察平层标志，使轿厢移动，当到平层区域后停止盘车；

d. 确认刹车无误后，放开盘车手轮。

⑥ 用三角钥匙打开电梯门，协助被困人员离开电梯轿厢。

⑦ 重新关好门，确认门锁已锁上。

思　考　题

10-1　电梯有哪些不安全状态？

10-2　在发生火灾时，应对电梯采取什么措施？

10-3　当电梯发生人员受困情况时，如何施救？

10-4　电梯施工现场发生触电事故时，如何施救？

第十一章　电梯工程施工安全技术

第一节　电梯施工现场安全一般要求

① 所有的工地应保持整洁、安全的环境。

② 禁止工作时玩耍、打闹和酗酒。

③ 拆除脚手架时，必须把附在木板上的钉子拔去。

④ 使用溶剂时，应确保良好的通风，在密封的场所内必须戴上口罩，以防溶剂接触皮肤。

⑤ 易燃易爆品不可放在出口处、楼梯或经常用作公共交通的场所。

⑥ 火焰、火花一定要远离易燃物，使用和储存易燃物品的场所应有"禁止吸烟"的标志。

⑦ 易燃物、溶液若超过5kg，必须存在单独的储存间内或经批准的安全储存间，并有明显的警告标志。

⑧ 防止溶液溅到衣服。

⑨ 建筑工地、楼梯弯道、工具杂物储存间等应保持充足的照明。

⑩ 放电缆、钢丝绳时，人不可站在其中间。

⑪ 电梯井道内不得用明火照明。

⑫ 严禁在电缆、钢丝绳、导轨、补偿链上爬行或滑下。

⑬ 上、下楼梯应使用扶手，不得将手放入口袋。搬东西上、下楼更要小心。

⑭ 每个工地上应有医疗箱，未经训练，不得采用急救措施，非不得已不准移动伤员，以免伤情恶化。

第二节　个人劳保用品和一般工具安全使用要求

① 应保持工具处于良好的状态，有裂痕及破损的一律不许使用，不许随意加长手柄。

② 不可把螺丝刀当作冲头使用。

③ 不可使用没有手柄的锉刀。

④ 不可使用没有绝缘的工具进行有电操作。

⑤ 工作时应穿戴合适的工作服、工作鞋。

⑥ 使用电钻、切割机、焊机、浇注巴氏合金或使用化学溶剂时，在空气中含有较多杂质的地方，要戴防护眼镜。

⑦ 任何工地工作时都要戴安全帽。

⑧ 工作场地高度超过 2m 有坠落的危险时，必须使用安全带，安全带必须牢固固定。

⑨ 破裂的安全帽、裂纹的安全带、不绝缘的工作鞋等个人劳保用品，不得使用。

第三节 爬梯、护栏、脚手架和工作平台的安全使用要求

一、爬梯

① 只可使用非金属制成的，带有安全脚的梯子。

② 使用梯子之前，应检查有无缺陷。如检查出有缺陷的梯子，必须挂贴"禁止使用"的标志。

③ 只可使用有足够长度的梯子，接长的梯子禁止使用。

④ 摆设梯子时，梯子顶部应较支撑点高出 1m 以上。若长度不够时，不可随意加长梯身。

⑤ 摆梯的地方若对人造成干扰，梯底应派人监护。当梯子不用时，应立即搬走。

⑥ 上下梯子时应面向梯子，用双手扶住梯子，一步步上下。工具可以放在工具袋里，大工具箱要用绳索起卸。

二、护栏

① 建筑承包单位应在电梯井道口设护栏和踢脚板，安装施工组长有责任检查此项措施情况。

② 井道口的护栏高度最少 1.05m，而护栏顶端及中间的木板最少宽 100mm 以上，护栏应作成移动式，方便施工人员进出。

三、脚手架及工作平台

① 脚手架、工作平台应采用坚固可靠的材料，不能随便架设临时脚手架。当攀登脚手架作业前，应仔细检查脚手架是否牢固可靠。

② 脚手架的工作平台应最少由两块 250mm 宽、40mm 厚的木板做成，基本长度应伸过支撑点 150～300mm，任何木板不能跨过距离超过 3.5m 的支撑点，也不能伸出到走廊的过道上，以免遭受意外。

③ 为了保护在工作平台下面的工作人员，应有盖板防护。

④ 不能因工作方便而随便拆除或锯断脚手架的部分结构。

⑤ 如果升降工作平台装在电梯导轨上，其材料必须要轻，构造要坚固，并有护栏及备有可靠的安全钳等。

⑥ 安装公司工作平台时，应首先切断电源，未经许可的人不可使用这种设备。

⑦ 升降工作平台必须在显眼处设有负载铭牌，不得超载使用。

四、脚手架作业的管理

① 在井道内安装、拆卸、变更脚手架时，必须服从脚手架安装作业人员的指挥。

② 脚手架应是牢固的结构。

③ 脚手板用铁丝加以固定，不得使其成为跷板形脚手板。

④ 脚手板不应使用胶合板。

⑤ 不要将油桶、油箱等不安全物品放在脚手板上。

⑥ 自动扶梯脚手架应设防护网，脚手架应是两边相连体的牢固结构。

⑦ 轿厢架和轿厢装配时，在工作面以下的部位应设安全网。

⑧ 因作业需要而拆除部分结构的脚手架，在作业完成后要迅速恢复到原来状态。

⑨ 在搭建脚手架作业时，应使用安全带。

⑩ 轿箱、轿架装配时，作业人员应注意脚底脚手板空隙的部位。

⑪ 脚手架爬梯应牢固，上下方便。

⑫ 采用防止坠落物的措施。

⑬ 防止飞来物的措施：

a. 按照规定的方法准确地固定；

b. 用型钢或指定材料固定；

c. 用结实的材料固定，不要用型箱板材等。

上述措施在不得已时采用，但是使用过后要马上恢复原状。

⑭ 移动踏板的安装尺寸见图 11-1。

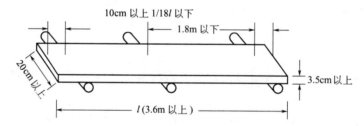

图 11-1　移动踏板安装尺寸

条件：a. 设支点；

b. 突出支点部分的长度为 10cm 以上；

c. 支点之间距离为 1.8m 以下；

d. 重叠部分 20cm 以上。

踏板重叠部分尺寸见图 11-2。

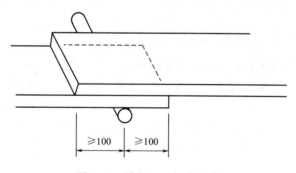

图 11-2　踏板重叠部分尺寸

条件：a. 突出支点部分的重叠为 10cm 以上；

b. 重叠部分 20cm 以上。

⑮ 作业踏板的设置方法　在高度 2m 以上作业时必须要设置作业踏板，其结构及固定方式如图 11-3 所示。用带或绳索或其他结实的材料，把踏板捆扎在 2 个支点以上的支撑件上。板材厚度、支撑间隔决定最大载荷重量。

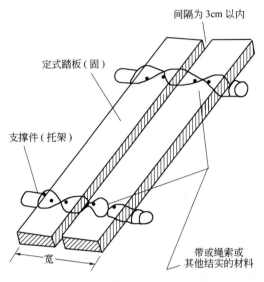

图 11-3　踏板结构及固定方式

第四节　其他方面的要求

一、电动工具的使用要求

① 需要接临时线时，要防止旁人碰到，并注意远离器物锐利的边缘，以免破损引起触电或发生火灾。

② 在启用电动工具前，应做彻底检查，不能使用损坏的工具。已损坏的工具，应有标记并及时送回进行修理，修好后才能去掉标记。

③ 在有电容器的线路上工作之前，要先使电容器放电。

④ 临时工作灯必须加防止灯泡意外碰撞损坏的防护罩。

⑤ 临时灯不能用本身的电线作为悬挂用。

⑥ 必须把工具、螺栓、垫圈等远离机器磁场，以防止被吸入转动的部件中。

⑦ 当在不能切断的通电电路上工作时，应使用绝缘工具。

⑧ 触电是使用电动工具的主要危害，使用电动工具时必须保证有效接地，防止触电。

⑨ 不要拆除三孔插头接地线，以保证有效接地。

⑩ 电动工具的电线不用时要把电线绕好。

⑪ 拿取工具时不要利用其导线作为提取或拖曳之用，也不能随意把工具抛掷。

⑫ 防止超负荷使用。

⑬ 使用手提砂轮机前，应详细检查，防止发生意外。

⑭ 不能把电动工具当作其他用途使用。

⑮ 调整工具时，如刷清切屑和清洁工具时，应先切断电源。

二、焊接、切割安全技术要求

① 在进行焊接前，要清理工作场地的杂物、垃圾。若为木质地板，则应用铁板铺盖或撒水，防止焊接时散溅的火星落在地上引起火灾。

② 把易燃物品搬到安全地方。如重物不能搬走时，应以防火物将其完全覆盖。

③ 不能在易燃液体附近进行焊接和切割作业。

④ 焊接设备一定要保持良好状态，如有任何损坏立即送回修理。

⑤ 进行焊接时，绝不能穿着染有油污的衣服。

⑥ 不要把乙炔枪随意挂在物件上。

⑦ 在进行焊接操作前，应先选择适当绝缘物件作为放置焊接工具之用。

⑧ 进行焊接、切割工作时，应戴面罩。

⑨ 焊接或切割工作结束后，应仔细检查有无留下火种。

三、乙炔、氧气容器安全使用技术要求

乙炔属于高度易燃气体，而在某些情况，即使不与空气或氧气混合，乙炔气体也会发生爆炸，所以应遵循下列规则。

① 严禁将乙炔容器抛掷或猛力碰撞。

② 严禁将物料放置在乙炔容器上。

③ 乙炔容器应竖立安放。

④ 将乙炔容器存放于阴凉地方，不可放在阳光强烈照射下或接近任何发热物体。

⑤ 在开启乙炔容器阀门时，须慢慢开启。

⑥ 当工作结束后，应把阀门关紧，并把乙炔容器存放好。

⑦ 调节器、喉管及乙炔枪必须妥善保管。

⑧ 未装上气压计或气压计损坏时，禁止使用调节器。

⑨ 检查全部接头是否泄漏，保持软管的清洁并不受损伤，调节器的螺栓、螺钉不应沾有任何油污。

⑩ 禁止用氧气吹射或清洁设备，氧气在油类物体和电气设备的四周有很大的危险性。

⑪ 存放氧气和乙炔容器的位置必须远离至少 6m，并要砌一垛不整体墙或隔墙放置，其高度至少 1.5m。

四、喷漆作业安全技术要求

由于喷漆作业大多在室内进行，会发生从涂料溶剂中散发的有机气体中毒，及由于电气设备产生的少量火花而存在导致火灾的危险，故应切实遵守下述各项。

① 开始喷漆之前，应在喷漆场所四周明显地贴示"严禁烟火"的标志，贴示防止第三者进入的"无关人员，严禁内进"的标志。

② 进行喷漆作业时，应打开门及窗户，以便充分通风。

③ 为防止失火与爆炸，应在旁边放置灭火器。

④ 为防止由于接通或切断操作按钮及照明开关等而产生火花，各回路的电源应在机房

进行接通、切断。

⑤ 在通风条件不良的场所作业，应改善其通风环境。

⑥ 在地板上铺上垫子（底板）。

⑦ 利用安全窗，从轿顶用带排气扇的管道向建筑物外部排气。

⑧ 拿进轿厢内的涂料与溶剂应为最低需要量。

⑨ 在关门喷漆时，每隔 10min 左右出来休息一次（或与其他作业人员轮换），应充分注意作业工作环境，一旦发觉身体不适，应终止作业。

⑩ 轿内电话及按钮也应用胶布等事先封上，以禁止使用。

五、挂贴标牌和安全锁的安全要求

（1）目的

① 保障工人在设备装置上工作安全，以防止发生事故。

② 措施包括切断电源、上锁和挂贴标志。如果是气动或油压系统，一定先将压力释放，再锁上电源开关箱和挂贴"禁止合闸"标志，防止他人合闸。

③ 如果要在已被切断电源的机器上工作，一定要找到切断电源的人或原因，如果无法找到，要请示监督可否接通电源进行工作。

④ 如果施工人员在切断电源后离开，当他返回时必须再复查，确定该装置依旧锁闭无误，以防电源有被接通的危险。

（2）范围　所有负责维修保养、调试或在电力驱动的装置上工作人员，都必须遵照以上步骤。

（3）监督责任

① 将本措施内容通知所属人员，并遵照执行。

② 定期巡视检查，确保措施的实施。

第五节　旧梯拆除作业安全技术要求

一、施工前的准备工作

为防止拆除作业时发生事故，应与用户负责人就下面规定的各项要求进行充分研究、商讨，制定施工计划，得到用户的书面认可。

① 应商讨作业时所需占用的地方，包括拆除作业处、拆除的零部件及材料存放处、搬出路线及临时电源的引入场所等，全面提出并得到用户的认可。

② 要遵守建筑物的防火规章制度，确认易燃物、易爆品等的禁止用火区域，确认吸烟场所。此外，在动火前，应提交"动火申请书"，并应得到用户的认可。

③ 进行拆除作业，应事前研究拆除顺序，特别是在拆除轿厢时，由于对重与轿厢的不平衡，会出现滑移，故应加以注意。

④ 扶梯桁架等的悬吊点设置及外部部件的拆除作业，高度为 2m 以上的高空作业时，应设置安全带吊钩悬挂点，使用安全带。

二、第三者灾害事故的防止

在有第三者居住的地方进行作业时，为确保第三者的安全，必须遵守下述各项规定。

（一）防止第三者进入作业现场

① 在所有的作业场所，设置第三者不容易进入的围墙（篱笆）、栏杆等，同时在围栏等第三者容易见到的地方张贴"无关人员，严禁入内"标志。必要时应注明作业时间。

② 在电梯各层厅门出入口及扶梯桁架四周设置与外部隔开的安全防护网及围栏。

a. 需拆除防火设备（洒水器、烟感器、扬声器等）及外部装饰板时，由于与用户有关，故需事前与有关方面商谈，准备现场对策。

b. 电梯的机房门，一定要上锁关闭。

c. 拆除零部件与材料的放置场所，不应给用户或第三者的通行造成妨碍，并应设置防护围栏等，贴上"无关人员，严禁入内"的标志。放置于顶层的部件材料也要进行同样处理，并用绳索捆扎好。

d. 器材、部件的搬运线路中，应使用栅栏（篱笆）、绳索等隔离，防止第三者进入。如有必要，可设置监视员。

③ 防止第三者及作业者触电而受害。

a. 关于临时电源的使用，应向用户负责人提出需要用电的容量，从指定的地方接电。

b. 从客户配电盘处接电时，开关等带电部位应上锁，以免第三者触碰到。

c. 拆除电梯电源的作业，应与客户有关人员商量之后，先切断一次侧电源，再进行作业。

d. 用于临时配线的电线，应使用外皮耐磨、双层绝缘的软线，在第三者碰触不到的地方敷设。如有可能碰触到时，应用盖板加以保护，以免损伤外皮。

e. 拆除电梯的电源线时，应在客户负责人确认后，先切断电梯供电电源的总开关，在电梯电源的总开关挂上"禁止合闸"的标志牌，并对拆除后电线的裸露部位做绝缘保护处理。

（二）动火时应遵守事项

① 从安全生产责任人中选任防火责任人。

② 防火责任人在确认动火现场时，应注意火花、焊渣飞散的周围及落下处有无易燃物、易燃性溶液或可燃性气体，不但要看表面地方，还要看难以发现的地方。作业开始前应清除井道各处的油或棉纱、尘埃以及机房、厅门前的废油及污脏碎布等可燃物。

③ 防火责任人在动火期间，应向用户防火管理人请求采取措施以停止烟感器动作。

④ 由于弧焊、气体切割作业中火花、熔渣飞散得很厉害，故防火责任人必须确认有无间隙、孔穴等。有时，为防止火源的飞散，事前应将间隙、孔穴等切实地堵住。此外，在动火作业完成后进行确认时，也应注意间隙及中间孔穴等，确认里面没有火种。

⑤ 动火作业现场应设置灭火器或防火用水。

⑥ 底坑、底部等熔渣、火花的落下场所处应特别注意，应设置灭火器或防火用水，必要时设专人监护。

⑦ 防火责任人应随时进行防火监视，使用后确认其善后工作，并向防火管理者报告。

（三）作业时的遵守事项

有关拆除的作业，与安装作业不同，由于作业条件和环境较特殊故必须遵守下述各项规定。

① 开始作业前，必须确认电梯的限速器、安全钳、安全开关等安全装置可正常动作。

② 吊下拆除零部件时，原则上不能使用房屋的悬吊点。不得已而使用时，必须确认其强度确实足够。

③ 由于要吊下的零部件要凿开机房等搬运出口时，应在正底下设置板厚 10mm 以上的防止落下的铁板。

④ 在同一防火区域内，电梯非同时拆除（逐台拆除），未拆除电梯仍正常使用时，其他电梯应在井道内用不燃材料（30min 耐火材料）或根据场合需要用金属网与防火拦网将相邻部分隔开。此外，在机房内，应在相邻的电梯间用石棉板隔开。

⑤ 不要同时在上、下方进行没有关联的作业（如在上方切断主钢丝绳，而在下方搬出对重块等）。

⑥ 在天花板及墙壁处使用石棉的现场进行拆除作业时，应戴上防尘口罩。

⑦ 应事先进行安排，对拆除作业用的卷扬机、葫芦、推车、夹具、起重钢丝绳、滑轮、索具绳扣等搬运设备，设置于规定的场所。

⑧ 在进行拆除作业的场所，应从专用分电盘处设置作业灯（行灯）及移动电源。

⑨ 对于电梯，应从机房吊钩或搁机大梁上吊下安全主绳到井道内。对扶梯，在桁架内进行拆除及搬出有可能滚落时，应在桁架内设置安全主绳。

⑩ 在安装固定脚手架时，应使用与脚手架有关的器材（单管管道、预制脚手架、安全主绳、脚手架板、安全网、细长形安全网等），不能用不合格产品。

⑪ 应准备两根切口平整且坚固的对重支撑材料（90mm×90mm×1500mm 的木方），将对重架安全地支撑固定好。

⑫ 机房或屋顶与井道内的联络，应使用无线电对讲机等通话装置，明确进行联络。

第六节　定期安全检查

预防事故的根本原则是发现不安全因素，并且立即纠正，日常安全检查即为发现不安全因素的手段。电梯工程的安全检查是安装维修技工与领班必须履行的工作职责，安全检查必须定期进行。检查的对象是那些可能在工地上危害员工或其他人员人身安全的不安全条件或者不安全操作方法。

首先，电梯零部件会有正常磨损。磨损会致使钢丝绳股断裂，脚手架的木制踏板可能开裂，手动工具可能失灵。简而言之，一切物品都会在使用中磨损，因而产生不安全因素。

其次，工人的某些行为会成为不安全因素。这些行为不仅危及同事的安全，而且会危及其他作业施工人员的安全。如施工材料可能被放置在不当之处，安全护栏可能被移动而未复原，工具可能被损坏，安全装置的保护功能可能已经失效等。必须重点检查那些容易发生事故的地方和环节。

一、寻找危险隐患

（1）电气设备　开关、电线、接地、明线、接地故障断电装置（GFCIS）或安全接地装置以及其他电气元件等。

（2）手用工具　电动工具、扳手、手锤、凿子以及其他手动工具等。

（3）危险品　氧气瓶和乙炔罐（瓶）、油漆、溶剂、润滑剂和清洗剂等。

（4）危及环保物品　可燃气体、生烟剂、化学物品等。

（5）手动施工设备　吊链、滑轮、绳套、绞车、钢丝绳等。

（6）个人劳保用品　安全头盔、防护镜、电焊面罩、风镜、安全带、减震绳、救生绳等。

（7）高空作业面　脚手架、木板施工平台、爬梯和运动施工平台等。

（8）地面开口　井道和井道口、底坑和其他人员或设备可能落入的地面开口。

（9）仓储区　工地上所有存放企业的工具、设备和物料的场所。

（10）作业区　建筑物入口、楼梯通道、大厅通道以及与施工区毗邻的区域等。

（11）公共区　建筑物入口、楼梯通道、水泵油泵、钻孔用具、千斤顶以及企业提供的急救箱等物品。

二、安全检查项目

每天必须至少检查以下项目并按规定向企业有关部门递交安全检查报告。

□ 企业提供的有关信息（职业安全与健康方针）是否在工地上张贴公布？

□ 工地是否清洁、无垃圾？物料存放是否整齐？

□ 工地上是否有企业提供的急救箱？急救箱的使用是否得当？工地上如果没有，可以立即请医疗服务的医院或诊所提供。

□ 是否有受过训练的急救人员？

□ 紧急救援电话号码，医生、急救站、医院和消防队的电话号码，是否已在工地上张贴公布？

□ 饮用水容器是否做了简明标识？

□ 员工在实施危险作业时是否穿戴了企业批准发放的安全护用品，如安全头盔、安全带、防护镜、风镜、电焊面罩等？

□ 灭火器是否放置在工地上随手可及之处？

□ 接地故障断电装置是否有效？

□ 工地上是否存有企业险情通信程序和材料安全数据清单的复印件？

□ 符合设备锁闭要求的锁匙与标识牌是否使用得当？

□ 开放平台、脚手架、木板平台等是否装有合格的护栏和踏脚板？

□ 电梯井道、入口、自动扶梯井道以及其他开口是否全部封闭得当？

□ 手用电动工具是否全部处于安全状况与接地良好？

□ 坏损的工具设备是否标有企业认可的识别标识并且停止使用？

□ 起重与钻孔设备是否状况良好？

□ 爬梯与脚手架是否状况良好？

□ 企业认可的警告标识是否已在必要之处张贴？

□ 其他作业现场发生险情时，你是否通知了责任方和总承包方？

□ 如果险情未得到立即纠正，电梯企业是否已得到有关通知？

安全检查项目见表11-1。

表 11-1　安装现场日常安全检查项目

检查日期			施工单位			队别		
安装工地				检查人员				
序号	类别		检查项目				检查情况	处理意见
1	人员		施工人员是否持证上岗					
2			施工人员是否经开工申报、安全教育(公司、施工单位)					
3			施工班组是否设安全值日员					
4	行为		施工人员是否遵守劳动纪律					
5			施工人员是否按规定着装					
6			施工人员是否劳动用品佩戴齐全并正确使用					
7			施工人员的三角钥匙持有及使用是否符合规定					
8			施工人员的跨接线持有及使用是否符合规定					
9			施工人员是否使用指令信号法					
10			施工人员是否有其他违反安全操作规程的不安全行为					
11			安全值日员是否履行职责					
12	环境		施工区域是否设置安全警示标志					
13			吊装区域是否设置警戒线并监护到位					
14			施工区域和库房是否整洁,物品是否堆放整齐、有序					
15			生活区是否保持整洁,临时用电是否安全、规范					
16	设施设备		施工区域的临边、洞口是否设置安全设施并保持完好					
17			脚手架是否搭设规范并挂牌,是否有私拆现象					
18			电箱、电线、照明是否符合安全规定					
19			起重设备是否符合安全规定					
20			手持电动工具和移动设备是否符合安全要求					
21			产品保护、防盗工作是否开展					
22			电梯是否未移交就投入运行					
23	消防		施工现场、库房是否配置消防设施					
24			易燃、易爆品是否妥善保管					
25			受压容器使用、存放是否符合安全规定(氧气、乙炔)					
26			动火作业中是否作业人员持双证、携灭火机、监护到位					
27	环保		施工现场是否设置废弃物收集点					
28			班组是否有环保教育和废弃物收集移交记录					
29	资料		现场是否有考勤、消防记录					
30			现场是否有开工报告(经特种设备安全监督管理部门批准)					
31			现场是否有安全协议(公司、总包)					
32			现场是否有安全教育记录(公司、施工单位)					
33			现场是否有安全检查项目表、安全台账并正确如实填写					
34			现场是否有脚手架合格证、签收单、动火证存根					
35			现场是否有井道移交书等安全资料					
36	其他		急救箱、饮用水等物品					

第七节　架子工操作规程

为了加强安全技术管理，确保搭设人员在施工中的健康和安全，防止事故发生，特制定各项安全规定和安全操作规程。

(1) 施工人员资格条件

① 须经技术和安全操作规程培训，并经考核合格，取得特殊工种安全操作证方可独立操作。

② 熟悉和掌握架子工理论知识和实际操作技术，熟悉高空作业、防火等安全知识。

③ 熟悉各种类型电梯井道脚手架的结构原理和施工工艺。

④ 必须身体健康。

(2) 施工前的安全防护

① 施工前根据"危险源辨识及预防措施"检查并排除施工现场的安全隐患，并采取切实可行的安全措施。

② 进入施工现场必须正确穿戴好各种劳防用品（安全帽、安全带、绝缘鞋）。

③ 坚决做到四不作业（不酒后作业、不违章作业、不冒险作业、不野蛮作业）。

(3) 脚手架搭设安全操作规程

① 必须严格执行国家与地方政府颁布的各项安全生产规定。

② 必须严格执行企业规定的安全生产制度。

③ 持有有效的架子工操作证。

④ 班前接受安全教育和布置。

⑤ 必须心理、身体健康良好。

⑥ 进入施工现场必须穿戴好劳防用品。

⑦ 必须有安全值日。

⑧ 必须要有两人以上方可施工，且要明确分工。

⑨ 必须先检查，采取措施，排除隐患再施工。

⑩ 各层门口民用工业须张贴安全标志。

⑪ 材料分层放置必须要安全可靠，严禁放在层门口或通道上。

⑫ 2m 以上作业必须先扣好安全带。

⑬ 施工中需用的电线、电器必须绝缘良好，要有接地防护措施。

⑭ 井道内照明必须采用 36V 安全电压、电源或直流电源，层门口有照明开关。

⑮ 下班前必须全面检查，切断电源，不留隐患。

⑯ 严禁酒后作业。

第八节　起重工安全操作规程

① 必须持证作业，熟知吊装方案、指挥信号、安全计时要求及起重机械操作方法。

② 起吊前要认真检查起重机具、工具是否合格、牢靠，确保安全施工。

③ 坚持"十不吊"原则，有权拒绝违章指令。

④ 起吊前，必须正确掌握吊件重量，不允许起重机超载使用。

⑤ 立式设备的吊装，应捆绑在重心以上。如需捆绑在重心以下时，必须采取有效的安全措施，并经有关技术负责人批准。

⑥ 起吊前应在重物上系上牢固的溜绳，防止重物在吊装过程中摆动、旋转。

⑦ 起吊物不宜在空中长时间停留，若需停留应采取可靠的安全措施。

⑧ 缆风绳、溜绳跨越道路时，离路面高度不得低于 6m，并应悬挂明显标志或警示牌。

⑨ 吊装过程中，应坚守岗位，听从指挥，发现问题应立即向指挥者报告，无指挥的命令不得擅自操作。

⑩ 立式设备吊装就位后，应立即进行找正，地脚螺栓把紧后方可松绳摘钩。

⑪ 吊物悬空运转后突发异常时，指挥者应迅速视情况判断，紧急通告危险部位人员撤离。指挥塔吊司机将吊物慢慢放下，排除险情后再行吊起。

⑫ 吊运中若突然停电或机械故障，重物不准长时间悬挂高空，应想办法将重物落放到稳妥的位置并垫好。

⑬ 吊物时，禁止超低空从人的头顶位置超越，要保证吊物与人的头顶最小的安全距离不小于 1m。

⑭ 两台塔吊交叉作业时，指挥人员必须相互配合，注意两吊机间的最小安全距离，以防两吊机相撞或吊物钩挂。

第九节　电工安全操作规程

① 上班前必须穿戴好所规定的防护用品，任何电气设备在未查明前一律视为有电，一般不允许带电作业。

② 工作前应详细检查所用工具是否安全可靠，了解场地、环境情况，选好安全位置进行工作。

③ 各项电气工作要认真严格地遵照"装得安全、拆得彻底、经常检查、修理及时"的规定。

④ 在线路、设备上工作要切断电源，并挂上警告牌，验明无电，才能送电。

⑤ 不准拆除电气设备上的熔丝、过负荷继电器或限位开关等安全保护装置。

⑥ 机电设备安装或修理完工后，在正式送电前，必须仔细检查电阻接地装置和传动部分保护装置，使之符合安全要求。

⑦ 发生触电事故时，应立即切断电源，用木棒及绝缘手套将受害者拉开，并立即进行人工呼吸，通知医务部门。

⑧ 装接灯头开关必须控制火线，临时线敷设时应先接地线，拆除临时线时先拆火线。

⑨ 在使用电钻（大于 36V）时，必须戴好绝缘手套，穿好绝缘鞋。使用电烙铁时，安放位置不得有易燃或靠近电气设备，用完后及时拔掉插头。

⑩ 工作中所拆除的电线要及时处理好，带电的线头须用绝缘带包扎好。

⑪ 高空作业时，应系好安全带。扶梯脚应有防滑措施。

⑫ 登高作业使用的工具，不准随便往下乱扔乱抛，须装入工具袋内吊送或传递。地面上的人员应戴好安全帽，并离开施工区 2m 以外。

⑬ 在雷雨和大风天，严禁在架空线路上工作。

⑭ 低压架空带电工作时应有专人监护。使用绝缘柄的工具，工作时站在干燥的绝缘物

上进行，并穿好绝缘鞋，戴好手套和安全帽。

⑮ 低压架空带电工作时，人体不得同时接触两根线头，并不得穿越未采取绝缘措施的导线之间。

⑯ 在带电低压开关柜（箱）上进行修理工作时，应采取防止相间短路、接地等安全措施。

⑰ 如电器发生火警时，应立即切断电源，用四氯化碳、二氧化碳或干砂扑救，严禁用水。

⑱ 配电间严禁非有关人员入内。外单位参观时，必须经有关部门批准，由电气人员带领方可入内。

第十节　焊工安全操作规程

① 焊接场地禁止放易燃易爆物品，应配备消防器材，保证足够的照明和良好的通风。

② 在操作场地 10m 以内，不应储存油类或其他易燃易爆物品（包括有易燃易爆气体产生的器皿管线）。临时工地若有此类物品而又必须在此操作时，应通知消防部门和安监技术部门到现场检查，采取临时性安全措施后方可进行操作。

③ 工作前必须穿戴好防护用品，操作时（包括打渣）所有工作人员必须戴好防护眼镜或面罩。仰面焊接应扣紧衣领，扎紧袖口，戴好防火帽。

④ 电焊机接零（地）线及电焊工作回线都不准搭在易燃易爆的物品上，也不准接在管道和机床设备上，工作回路线应绝缘良好，机壳接地必须符合安全规定，一次回路应独立或隔离。

⑤ 电焊机的保护装置必须完善（包括一次侧、二次侧接线），焊钳把与导线连接处不得裸露，二次接线头应牢固。2m 及其以上的高处作业，应遵守高处作业的安全规程，作业时不准将工作回路线缠在身上，高处作业应设专人监护。

⑥ 遵守《气瓶安全技术监察规程》有关规定，如不得擅自更改气瓶的钢印和颜色标记，严禁用温度超过 40℃ 的热源对气瓶加热，瓶内气体不得用尽，必须留有剩余压力，永久气体瓶的剩余压力应不小于 0.05MPa，乙炔瓶应留有 0.5%～1.0% 规定充装量的剩余气体，气瓶立放时应采取防止倾倒措施。

⑦ 工作完毕后应检查焊接工作的情况（包括相关的二次回路部分）无异常状况，然后切断电源，灭绝火种。

⑧ 工作前应检查焊机电源线、引出线及各接线点是否良好。若线路横越车行道时，应架空或加保护盖。焊机二次线路及外壳必须有良好接地，电焊钳把绝缘必须良好，焊接回路线接头不宜超过 3 个。

⑨ 下雨天不准在露天进行电焊。在潮湿地带工作时，应站在铺有绝缘物品的地方并穿好绝缘鞋。

⑩ 推闸刀开关时身体要倾斜，要一次推定，然后开启电焊机。停机时要先关电焊机，才能拉断电源闸刀开关。

⑪ 移动电焊机位置，须先停机断电。焊接中突然停电，应立即关好电焊机。注意焊接电缆接头移动后进行检查，保证牢固可靠。

⑫ 换焊条时应戴好手套，身体不要靠在铁板或其他导电物体上。敲焊渣时应戴上防护眼镜。

思　考　题

11-1　电梯安装需要哪些工种协同作业？

11-2　使用电动工具时要遵守哪些要求？

第十二章　电梯安装、维修保养工程安全技术

第一节　电梯作业安全操作技术要求

一、井道

① 电梯井道中不准使用明火照明，安装时应采用 36V 以下安全照明，并要有足够的亮度。

② 在井道中工作应注意，高度 2m 以上有坠落危险时，要使用安全带。高空作业时要把工具放入工具袋，各物件放在妥善位置，以防从高处坠落。

③ 施工时个人劳动防护措施（如帽、鞋、衣服）要穿戴好。

④ 脚手架、工作平台要经常检查，发现有隐患之处立即采取改进措施，方可施工。

⑤ 安装导轨、轿厢架等劳动强度大的部件，必须配合人力，统一指挥，采取安全防护措施。

⑥ 井道作业的安装人员上、下呼应信号明确，配合密切。

⑦ 未安装厅门，必须在层门设置安全横栏，并挂上"严禁入内，谨防坠落"的标志，以防发生事故。

⑧ 维修保养进入已安装好的井道内工作，注意切勿将身体伸出厅门外，并且要有维修的挂牌标志。

⑨ 在多台电梯公用的井道修理时，维修保养人员要特别注意其他电梯的运行情况，以防被撞。

二、底坑

① 底坑工作要防止部件由高处坠落被砸伤、碰伤，有关人员应密切配合，并告知有关施工人员有人进入底坑。

② 维修人员进入底坑，要切断急停开关。

③ 禁止依靠电缆、导轨进入底坑。

④ 人员在底坑要求电梯运行，应和轿内、轿顶的人员正确呼应。

⑤ 在已经动车的底坑中作业，要注意不被电梯运行时的补偿链、电缆等刮着。

三、机房

① 机房的施工人员要防止物品从机房内掉入井道、底坑，砸伤设备和下面的工作人员。

② 安装主机、控制柜等机房部件时，要注意吊装的工具设备，防止发生滑落事故。

③ 检修工作应由维修人员操作，无关人员不得进入机房。

④ 使用手动扳手，盘车手轮一定要符合其使用规则。

⑤ 不得把与安装、维修无关的物件带入机房。

第二节　安装人员安全操作要点

① 安装人员进入工地，应按规程统一行动，落实工地的安全状况。

② 工作时要穿戴工作服、工作鞋、安全帽。个人的一般工具要保持良好。

③ 特殊工种应进行培训，严格执行公司及劳动部门的要求，持证上岗。

④ 操作起重工具时，应该对各种工具进行检查，尤其注意薄弱环节。

⑤ 使用各种警告标志、安全锁、挂牌。

⑥ 在使用爬梯、护栏、脚手架及工作平台时要符合规程。

⑦ 工作时不得上下抛掷工具。

⑧ 使用电动工具时要了解工具特性，然后才能用。

⑨ 电工在接线、安装、测试电器时应确保安全。

⑩ 电、焊工要经过培训，持证上岗。

⑪ 安装工地有专人负责现场安全，安装人员有权拒绝任何不安全的工作。

⑫ 安装人员应及时向负责安全的人员反馈现场的安全情况，防患于未然。

第三节　维修保养人员安全操作要点

一、电梯

① 维修保养人员抵达现场时，要通知管理人员，及在电梯口处挂上明显的警示牌。

② 工作前，必须在机房电源闸刀旁醒目位置挂上"禁止合闸"的标志。

③ 机房内没有工作人员时机房门一定要锁闭。

④ 所有打开的厅门前，应设防护挡板。

⑤ 在井道工作必须戴安全帽及必要的劳保用具，高空工作时使用安全带。

⑥ 进行清理或活动部位时，电梯必须停止使用。

⑦ 遵守以下的有关门锁、安全回路的短接安全守则：

a. 在可能范围内，避免短接厅、轿门锁回路，避免短接轿顶或井道内任何安全急停回路以行驶电梯（只准检查、核实）；

b. 在任何情况下，不得短接门锁开快车；

c. 短接门锁开慢车，一般情况下，只可短接厅门或轿门，不应将厅门、轿门同时短接，如认为有这种需要，必须加倍小心地进行操作；

d. 在没有确实弄清楚轿厢、轿顶及井道内有无人之前，不得短接轿顶及井道内任何安全急停开关。

⑧ 在进入轿顶工作时，将轿顶急停开关断开以保证安全。

⑨ 在上轿顶工作时，打开厅门要确定是在正确的楼层。工作完毕后，在轿顶开启厅门时，要避免乘客误会电梯已到达而跨入电梯井道。

⑩ 在轿顶工作时，如不需要运行电梯，则断开急停开关；如需要运行电梯则开慢车，更要留意急停开关以及各安全开关的位置，以备急需。各活动部分皆不能作扶持用。

⑪ 如需要一人在轿厢内控制，一人在轿顶工作时，轿顶工作人员的身体任何部位都不准超出轿厢边缘。

⑫ 在轿顶工作时，要抓紧轿厢架的稳固部分。当电梯向上运行时，要特别注意头部有撞到电梯井道内突出物的可能。

⑬ 检查钢丝绳时，电梯一定要保持在停止状态。

⑭ 进入底坑工作前，要打开底坑照明，断开底坑急停开关或极限位开关以防止电梯移动。

⑮ 进入底坑后需要电梯运行时，要特别留意电梯其他的活动部分。

⑯ 不得在井道内使用明火或吸烟。如需使用电焊时，必须与用户取得联系，并要求提供消防设备及派人到现场监护作业。

⑰ 离开工地时，通知用户除去警告牌，将电梯回到正常状态。

二、自动扶梯

① 修理时，应在两端设置符合要求的防护栏以及挂上危险标牌，以防止无关人员进入工作场地。"正常/检修"开关应拨到"检修"位置上，保证自动扶梯的运转完全由人控制，避免自动扶梯开动后自动保持运转状态。

② 当拆除梯级、梳齿板时，扶梯的两端必须有防护栏，否则不能开动自动扶梯。

③ 当一定要乘搭有空梯级自动扶梯时，必须站在空梯级的后面，不可前进。

④ 在进入自动扶梯的梯级内进行工作前，电源应保持断开的状态，锁闭并挂上修理标牌。

⑤ 进行自动扶梯底部清理工作时，要提供足够的通风。

第四节　自动扶梯和人行道作业安全技术要求

1. 在扶梯井道开口部及扶梯上、下部出口的安全防护

在扶梯的安装过程中，为了防止作业人员坠落、滚落或受落下物体所伤，确保第三者安全，扶梯井道开口部及扶梯上、下部出入口的安全防护应该遵守下述各项内容。

① 开口部的安全围栏通常由甲方设置。但如果没有设置或设置不符合要求时，应用竹管或脚手架铁管等在四周设置带有中间横间条、高度为 1.1m 以上的安全围栏，每层应张贴"电梯作业，危险勿近"及"无关人员，严禁入内"的标志各 2 张以上。

② 安全栏板或围栏，在扶梯四周的建筑物扶手未设置好之前不能拆开。

③ 扶梯在安装旁板、玻璃之前的开口部，一般由甲方设置安全网，防止脱落或落下。如果没有设置时，应立即向甲方提出并采取对策。在作业中需拆开安全网时，该作业结束后立即将其复原。

④ 即使在拆开了安全围栏时，也应在上、下部盖板的周围设置防止第三者进入的围栏，同时张贴"电梯作业，危险勿近"标志。

2. 作业时的遵守事项

扶梯安装作业中会出现特殊作业，故须遵守以下各项规定。

① 搬入、吊起桁架等重物时，应根据作业现场的状况，按《扶梯吊装工艺》，在确保安全的基础上进行。

② 作业开始前，须进行各方面的安全检查。

③ 共同作业时有联络信号并大声复述。

④ 不能坐在前轮轴等不稳定的部件上。

⑤ 在内、外盖板、裙板的安装作业中，赤手作业很危险，必须使用手套。

⑥ 在桁架内作业，作业前作业责任者或作业班长应收集并保管所有作业者的电梯钥匙。作业完毕后，须清点作业者人数，确认作业者及所带工具、物品不在桁架内。

⑦ 在梯级、梳齿板安装作业时，应确认脚底、手周围及四周状况，以防手、脚等被夹。

⑧ 试车前，必须确认已给减速箱加油。

⑨ 仅作业责任者或被任命的作业人员可进行运行操作。

⑩ 接通电源前，必须先确认桁架内及周围是否有人正在作业。

⑪ 在桁架内作业而有可能滚落时，应在桁架内设置安全主绳，并使用安全带。

⑫ 拆除梯级时，必须切断电源，手动盘车进行。拆开梯级后，需中断作业场所时，应移动已拆开梯级的开口位置至返回侧，同时应断开主电源，并盖好机房盖板。

⑬ 除上述各项外，安装工程作业中的下述事项也必须遵守：

a. 工具仪器的使用前检查；

b. 防止危险用电；

c. 重物的处理、吊装作业安全。

3. 机房作业

出入机房以及进行作业时，应遵守下述各项规定。

① 打开或关闭盖板时，应使用规定的工具（T 字形盘车旋柄），取起盖板时应蹲下，以合理的姿势进行，以防止手指头或脚趾头被夹。进入机房时，应断开安全开关及主电源开关，将运行转换闸刀开关打到检修侧。

② 切断主电源后，应挂上"严禁合闸"的标志牌。

4. 梳齿板周围作业

进行梳齿板周围作业时应遵守下述各项规定。

① 从楼面上进行检查调整时，应注意开口部，采取不会滚落的稳定姿势。

② 搬运梯级等重物时，应装上盖板，消除开口部，防止滚落机房。在不得已必须拆开盖板进行作业时，应留下一块前面或后面的盖板不要拆开。

5. 梯级的拆、装作业

拆、装梯级时，应遵守下述各项规定。

① 制动器的释放应使用专用的释放工具。

② 拆梯级应使用相应的工具。

③ 取起梯级时，注意不要让手夹在梯级与桁架之间。

④ 搬运梯级时，应先确认开口部及周围的路径状况。

⑤ 拆下的梯级应放置于不会妨碍第三者通行，且不会妨碍作业的地方，将梯级整理好置于干净、平整的地面上，堆放不要重叠 4 级以上。

第五节　调试作业及检查作业安全技术要求

在电梯、扶梯的调试作业及检查作业中，为了防止被旋转部位或活动部位夹住或卷入等的事故发生，必须遵守下述各项规定。

① 电梯运动部件周围的安全确认与安全装置的动作确认，及其后的电源接通、切断指示，应由调试员或检查员进行。

② 试运行接通电源之前，一定要确认周围的安全，同时应检查部件有无漏装、工具等有无忘记收拾。

③ 应确认运行时的线路中有无障碍物，如有，应先清除后再运行。

④ 应先在活动部位或旋转部位张贴"运动部件注意"的标志。进行作业时，一定要切断电梯电源，在电梯电源开关挂上"严禁合闸"的标志牌。

⑤ 对电梯进行检查时，应站在活动部位或旋转部位不会夹住身体的位置。

⑥ 为了防止第三者的进入而发生事故，应在电梯机房出入口、扶梯上下部上落口等处设置门锁，防止进入围栏，且张贴"无关人员，严禁进内"的标志。

⑦ 电梯安全回路原则上不能短接。但由于作业需要不得不进行短接时，应用专用短接线，在该作业结束后马上将其复原。短接状态下只允许慢速运行。严禁在短接电梯门锁开关、安全回路的状态下，进行正常运行（快车运行）。

⑧ 原则上禁止带电作业。必须带电作业时，要注意工具的绝缘及周围环境的绝缘以及必须有专人监护。

⑨ 进行电气回路的检查作业、更改接线前，应断开主电源开关，做放电处理后再进行。

第六节　电梯维修与调整作业安全技术要求

一、电梯维保基本要求

为了防止在电梯运行与调整作业时事故的发生，必须遵守以下各项规定。

① 各层厅门必须上锁。

② 试运行前，脚手架拆除作业、底坑缓冲器必须完成。

③ 原则上禁止在轿顶边运行边作业，但在低速下行状态下进行检查作业时不受此限制。

④ 运行中，应确认身体没有探出轿顶边缘之外。

⑤ 在轿顶有作业人员时，禁止高速运行。

⑥ 进行井道作业时，需使用井道照明灯。

⑦ 原则上禁止在轿顶与轿内同时作业。

⑧ 轿顶与轿内都有作业人员时，不要进行到最顶层的快车直达运行。不得已而需进行快车运行时，上行时应运行到次顶层，在该处暂时停下之后，转到慢车运行，确认安全后再运行。但运行操纵者应该保持可以随时断开急停开关的姿势。

⑨ 井道为通井时，严禁站在通井的中间梁上进行作业。

⑩ 电梯试运行与调整作业时，不能让其他非作业人员乘搭。

⑪ 禁止在机房内及作业中吸烟。吸烟应在用户指定的吸烟场所，吸完后应熄灭烟头，烟头不准随意丢弃。

二、进入或退出轿顶程序

① 进入或退出轿顶时，应遵守以下安全注意事项：

a. 出入轿顶前要清洁鞋底（特别是油污等），防止足下打滑，同时按下急停按钮；

b. 出入轿顶时，严禁蹬踏轿顶电气箱及链轮连杆；

c. 进入轿顶后，必须关闭厅门；

d. 一人进入轿顶操作，必须是两年以上的熟练工人，否则必须有两年以上的熟练工人在旁指导；

e. 在轿顶作业时，必须按下急停按钮；

f. 操作电梯运行时要站在轿顶板上，扶稳，禁止站在防护栏以外或支撑架等凹凸不平位置进行操作；

g. 不能站在轿顶横梁上运行电梯；

h. 进入或退出轿顶时应充分注意第三者，使用轿顶检修灯、电筒等，以确保上下时有足够的亮度。

② 轿顶的进入退出程序

a. 进入轿顶的步骤

（a）电梯运行至次高层及以下的任何一层停止。

（b）置轿厢于检修状态，一人慢车运行电梯使其超平层 300～400mm，且轿顶电阻箱平面应与上一层厅外地坎面的高度差在 ±500mm 内（注意：如不能满足此要求时，必须由两人以上配合进行，即一人在轿内操作电梯，另一人在上一层一边观察，一边保持联络，再进入轿顶）。

（c）按下检修灯开关（无此开关时，此项操作取消）。

（d）离开轿厢，关闭厅门。

（e）在上一层，慢慢打开该梯厅门，保持厅门开启状态（注意：两台以上电梯时，不要开错另一台梯厅门）。

（f）按下急停按钮，小心进入轿顶。

（g）进入后，开轿顶照明，站好位置后才能关闭厅门。

b. 退出轿顶的步骤

（a）将电梯运行至易于出轿顶和便于从下一层进入轿厢的位置，即停止位置是在下一层平层 ±500mm 内。

（b）打开厅门，保持厅门开启状态。

（c）收拾好工具杂物放置在厅门外安全位置，放置好轿顶移动操纵开关。

（d）恢复轿顶检修开关（轿内检修位置）及轿门电源开关。

（e）按下急停按钮，关掉轿顶照明。

（f）退出轿顶，恢复急停按钮，关闭厅门。

（g）退出轿顶后要清洁鞋底及楼面。

（h）从下一层进入该梯轿厢。

三、进出底坑程序

① 进入或退出底坑必须遵守下述安全注意事项：

a. 出入底坑前要清鞋底（特别是油污等），防止打滑；

b. 严禁进入（爬出）底坑时踩踏液压缓冲器；

c. 严禁手握在门边及随电缆爬行；

d. 如井道与邻梯相通，要特别小心，严禁踏出本梯主轨底以外的范围作业；

e. 无底坑爬梯而且无上落工具（竹梯、人字梯）时，严禁进入底坑；

f. 进入底坑后，必须按下急停钮后关闭厅门；

g. 一人进入底坑操作，必须是工作两年以上的熟练作业人员，否则必须有工作两年以上的熟练作业人员在旁指导；

h. 应先确认坑内有无异常气味，然后再进入底坑。

② 底坑作业的进入退出办法

a. 进入底坑办法

（a）检修下运行电梯状态，使电梯在最底层以上层楼超（欠）平层 300～400mm，然后按下操纵箱内的急停开关。

（b）在最底层打开厅门，使厅门呈完全打开状态。

（c）底坑有安装爬梯时，则利用底坑爬梯小心进入。稳定重心时，可借助地坎槽（用手）和缓冲器混凝土墩（用脚）。

（d）底坑如果没有安装爬梯，则要借助竹梯或人字梯。

（e）打开底坑照明开关，按下底坑急停按钮。

（f）关闭厅门。

b. 退出底坑办法

（a）在底坑利用厅门内部开门拉绳将厅门锁打开，使厅门呈完全打开状态。

（b）先把工具等杂物放置在厅外。

（c）恢复急停按钮，关闭底坑照明。

（d）利用爬梯或竹梯退出底坑。

（e）出底坑后要将鞋底及楼面清理干净。

（f）关闭厅门。

思 考 题

12-1　在井道作业时要遵守哪些安全技术要求？

12-2　在自动扶梯的梳齿板周围进行作业时，要注意什么安全问题？

12-3　患有哪些疾病不能从事电梯的安装与维修工作？

12-4　进入或退出轿顶时要遵守哪些安全注意事项？

12-5　进入或退出底坑时要遵守什么程序？

第十三章 电梯工程中搬运和起重安全技术要求

第一节 重物的处理

一、一般遵守事项

① 施工队长应确认重物的重量、形状、数量，就其搬运方法、搬运路线、起重设备与有关作业人员进行充分的商讨。

② 由施工队长将施工顺序安排、联络方法等简明地向全体施工人员进行说明，以确保工作顺利进行。

③ 事前应检查卸货、搬入、起重的路线及开口部位无障碍物或坠落物等不安全的地方，并进行处理。

④ 避免仅仅依靠人力作业，应充分利用与重物相适应的吊装、起重、搬运专用工具设备。

⑤ 搬运工具，使用前须进行检查。搬运工具和设备如表 13-1。

表 13-1 搬运工具和设备

位置	地面（横移）	楼梯（斜拉）	井道（吊起）
工具和设备	滚柱	手动葫芦	电动卷扬机
	千斤顶	铺道板及垫木	手动葫芦
	台车（手推车、推车）	吊重物用钢丝绳	吊重物用钢丝绳
	木撬棍	垫块	滑轮
	杠杆枕木	索具卸扣	索具卸扣
		木方	绳索
			人字梯
			脚手架板及捆扎带
			铁丝
			工具箱

⑥ 沿楼梯或斜面搬运重物时，不得在重物下方配置作业人员。

⑦ 在部件或器材等的卸下、横移、搬入、起重等作业场所，电动卷扬机设置场所及有关经过线路处，应设置绳索隔离，挂上"禁止进入"的警示牌。在觉得可能有危险时，应选任监视员等防止第三者受伤害的措施。

二、人力搬运

① 在需要进行人力搬运时，一个人的搬运重量限度为 30kg。共同搬运时，应确保足够的人员，采取正确的姿势，切实进行相互招呼联络。

② 在共同搬运长形物体时，全体人员都应用同一侧的肩膀来抬，并根据后面的联络人员的联络信号协调步伐。

③ 将 2 根以上的管状等分散物用肩膀扛着搬运时，应将其捆扎好之后再搬运。

④ 用人力吊装导轨时，由一人发出指挥信号，施工人员统一协调，上升中应注意控制速度，不能过快，必须有一施工人员负责留住绳尾，一施工人员在中间负责观测引导。当导轨吊离地面后，底层负责挂钩施工人员必须离开井道。

⑤ 在井道放置随行电缆作业时，必须由两人以上配合操作，一施工人员负责留住电缆尾及输送。

三、台车搬运

① 台车（手推车、推车）在使用前应进行检查，搬运物不要超过所示的额定重量。

② 台车（手推车、推车）在停下时，应使用车轮止动器，使其不能轻易移动。

第二节 吊装、起重及其装置

由于吊装作业带有危险性，一定要严格按照规程，小心进行作业，认真清理好工作现场，对作业加以注意，同时必须遵守下述各项规定。

一、人员的配置与注意事项

吊装时，应配置持有吊装作业上岗证的人员。

1. 挂重物方法

① 作业时，应留意吊装物的重量、重心、挂重物的方法、物体的吊法、导向等。

② 使用吊装用具的方法

a. 应准备与重物的重量相适应的钢丝绳、链条及辅助工具等，并确认其有无损伤。

b. 吊装钢丝绳的挂法有两种，即用绳眼孔挂入吊钩及在重物处将绳穿过绳眼孔。

2. 起吊重物注意事项（图 13-1）

① 起吊时，要适当布置安排人员。

② 脚手平台要和起吊机器一起升高进行引导。

③ 不能把与钢丝绳相接触的部件作为导向用。

④ 在起重的张紧滑轮下部，应用钢丝绳回绕器具。

⑤ 起重用绞车，井道安装滑轮装置的间隔尺寸应在安装钢丝绳绕槽宽度乘以 15 倍的位置上，使钢丝绳不乱绕卷筒。

⑥ 起升绞车绕钢丝时，要对好绞车和滑轮的中心，以防钢丝乱绕。

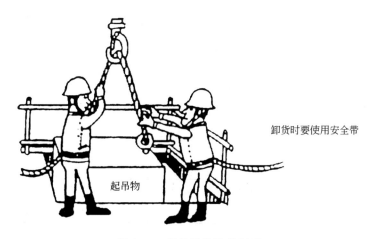

卸货时要使用安全带

起吊物

图 13-1　起吊重物注意事项

⑦ 要定期检查绞车钢绳，及时更换弯曲、磨损明显的钢绳。

⑧ 借用建筑人员施工用叉车时，一定要请建筑负责操作人员进行操作。

⑨ 在接近架设电线附近进行起吊作业时，一定要与电力企业联系，应安装保护管以后再进行作业。

⑩ 在起吊作业中严禁在吊物下部进行其他作业。

⑪ 起吊应确认信号后再进行作业。

⑫ 在高层建筑内进行起吊时，应使用无线电话或有线电话来传递信号。

⑬ 起吊时，不要使用其他工种人员的吊钩。

⑭ 张紧滑轮、绞车等转动部分的检查、补充润滑油一定要及时进行。

⑮ 钢绳挂好以后，要检查制动器、重心切断状态。

⑯ 起吊时，应使用带锁 U 形钩。

⑰ 起吊作业中需使用道路时，要得到交通警察的同意并设监护人后进行作业。

⑱ 更换钢绳，应该注意用安全钳。

二、吊挂重物的方法

(一) 钢丝绳的使用

① 以正确的吊角起吊，禁止载荷超重，如图 13-2 所示。两根起吊时的允许起吊载荷和起吊角参考表 13-2。

② 尖角货物的角容易损伤钢丝绳，故在起吊时一定要在易损伤钢丝绳的部位垫上软物或圆滑的包角物。

③ 尽量避免在高温时起吊货物。

④ 不要用单根钢丝绳起吊重物，最好用两根或多根钢丝绳对称缠绕到重物上。只用单根钢丝绳起吊，可能在载荷起吊过程中转动，捻松钢丝绳，或使钢丝绳从载荷上缠绕的位置滑下，这都可能导致危险事故。

⑤ 不要在同一部位进行几次弯曲。

⑥ 看到钢丝绳扭曲时，要把扭弯处弄直后使用。

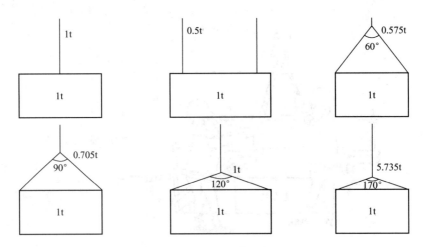

图 13-2　钢丝绳的使用角度

表 13-2　两根起吊时的允许起吊载荷

钢丝绳种类	6×24＋7FC		钢丝强度	150kgf/mm²（1470MPa）	
有无电镀	电镀		用途	移动钢丝绳或静止钢丝绳	

两根起吊时的允许起吊载荷/t					
钢丝绳直径/mm	角度				
	0°	30°	60°	90°	120°
9	1.2	1.1	1.0	0.8	0.6
10	1.5	1.4	1.2	1	0.7
11	1.9	1.8	1.6	1.3	0.9
12	2.2	2.1	1.9	1.5	1.1
13	2.6	2.5	2.2	1.8	1.3
14	3.0	2.8	2.5	2.1	1.5
16	4.0	3.8	3.4	2.8	2
18	5.0	4.8	4.3	3.5	2.5
20	6.3	6	5.4	4.4	3.1
22	7.6	7.3	6.5	5.3	3.8
24	9.0	8.6	7.7	6.3	4.5
26	10.6	10.2	9.1	7.4	5.3
28	12.3	11.8	10.6	8.7	6.1
30	14.1	13.6	12.2	9.9	7
32	16.1	15.5	13.9	11.3	8
34	18.2	17.5	15.7	12.8	9.1
36	20.4	19.7	17.6	14.4	10.2
38	22.7	21.9	19.6	16	11.3
40	25.2	24.3	21.8	17.8	12.6

⑦ 要经常用钢丝刷等刷去钢丝绳外表的沙和灰尘，并在钢丝绳外表涂上润滑油。

⑧ 防止钢丝绳磨损、扭结、弯曲，不要在潮湿、高温、带酸及不通风的地方存放。

⑨ 在使用钢丝绳前，必须检查钢丝绳是否完好，有无断股、磨损等其他缺陷，见表 13-3。使用时要根据实际情况而定，可参考表 13-4 进行合用程度判断。

表 13-3　钢丝绳的失效形式

绳股的断口	1 搓之间的绳股数 为 10％以上时	
磨损	直径减少达公称 直径 7％以上时	
扭结	钢丝绳扭结不能使用	
变形	明显变形,明显磨损 明显损伤,腐蚀变形	
延伸	公称间距延伸 20％以上时	

表 13-4　钢丝绳合用程度判断表

类　别	判断方法	合用程度	使用场合
Ⅰ	新钢丝绳和曾使用过的钢丝绳但各股钢丝绳的位置未有变动,无绳股凹凸现象,磨损轻微	100%	重要场合
Ⅱ	①各股钢丝已有变位、压扁及凹凸现象,但未露绳芯 ②钢丝绳个别部位有轻微锈蚀 ③钢丝绳表面有尖刺现象(即断丝),每米长度内尖刺数目不多于总丝数的3%	70%	重要场合
Ⅲ	①钢丝绳表面有尖刺现象,每米长度内尖刺数目不多于总丝数的10% ②个别部位有明显的锈痕 ③绳股凹凸不太严重,绳芯未露出	50%	次要场合
Ⅳ	①绳股有明显的扭曲,绳股和钢丝有部分变位,有明显的凹凸现象 ②钢丝绳有锈痕,将锈痕刮去后,钢丝绳留有凹痕 ③钢丝绳表面上的尖刺现象,每米长度内尖刺数目不多于总丝数的25%	40%	次要场合

(二) 一般起重用锻造卸扣

卸扣是索具的一种, 按型式可分为 D 型和 B 型 (弓形) 卸扣, 如图 13-3 所示。常用销轴有 W 型、X 型、Y 型, 如图 13-4 所示, 在不削弱卸扣强度的情况下, 采用其他型式的销轴为 Z 型。安全系数有 4 倍、5 倍、6 倍, 甚至 8 倍。常见卸扣的材料有碳钢、合金钢、不锈钢、高强度钢等, 其中强度 M(4) 级采用 20 钢, 强度 S(6) 级采用 20Cr、$20Mn_2$, 强度 T(8) 级采用 35CrMo。表面处理一般分为镀锌 (热镀和电镀)、涂漆等。

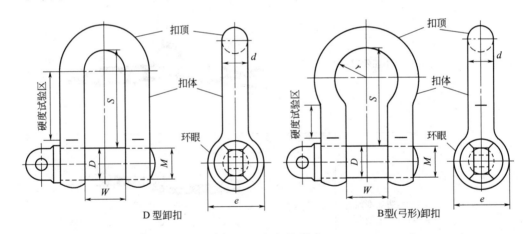

D 型卸扣　　　　B型(弓形)卸扣

图 13-3　卸扣的型式

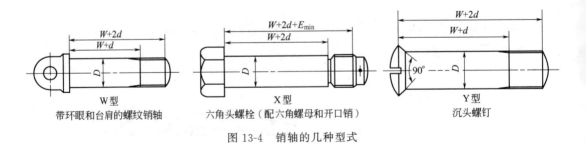

W 型　　　　X型　　　　Y 型
带环眼和台肩的螺纹销轴　六角头螺栓(配六角螺母和开口销)　沉头螺钉

图 13-4　销轴的几种型式

一般起重用卸扣的参数见表 13-5。

表 13-5 一般起重用卸扣的参数

起重量/t			D 型卸扣的尺寸/mm					弓形卸扣的尺寸/mm					
强度级别			d	D	W	S	M	d	D	W	$2r$	S	M
M(4)	S(6)	T(8)	max	max	min	min		max	max	min	min	min	
—	—	0.63	8.0	9.0	18.0	M9		9.0	10.0	16.0	22.4	M10
—	0.63	0.8	9.0	10.0	20.0	M10		10.0	11.2	18.0	25.0	M11
—	0.8	1	10.0	11.2	22.4	M11		11.2	12.5	20.0	28.0	M12
0.63	1	1.25	11.2	12.5	25.0	M12		12.5	14.0	22.4	31.5	M14
0.8	1.25	1.6	12.5	14.0	28.0	M14		14.0	16.0	25.0	35.5	M16
1	1.6	2	14.0	16.0	31.5	M16		16.0	18.0	28.0	40.0	M18
1.25	2	2.5	16.0	18.0	35.5	M18		18.0	20.0	31.5	45.0	M20
1.6	2.5	3.2	18.0	20.0	40.0	M20		20.0	22.4	35.5	50.0	M22
2	3.2	4	20.0	22.4	45.0	M22		22.4	25.0	40.0	56.0	M25
2.5	4	5	22.4	25.0	50.0	M25		25.0	28.0	45.0	63.0	M28
3.2	5	6.3	25.0	28.0	56.0	M28		28.0	31.5	50.0	71.0	M30
4	6.3	8	28.0	31.5	63.0	M30		31.5	35.5	56.0	80.0	M35
5	8	10	31.5	35.5	71.0	M35		35.5	40.0	63.0	90.0	M40
6.3	10	12.5	35.5	40.0	80.0	M40		40.0	45.0	71.0	100.0	M45
8	12.5	16	40.0	45.0	90.0	M45		45.0	50.0	80.0	112.0	M50

卸扣的一般要求如下：

① 卸扣应光滑平整，不允许有裂纹、锐边、过烧等缺陷。

② 严禁使用铸铁或铸钢的卸扣。扣体可选用镇静钢锻造，轴销可用棒料锻后机加工。

③ 不应在卸扣上钻孔或焊接修补。扣体和轴销永久变形后，不得进行修复。

④ 使用时，应检查扣体和插销，不得严重磨损、变形和疲劳裂纹。

⑤ 使用时，横向间距不得受拉力，轴销必须插好保险销。

⑥ 轴销正确装配后，扣体内宽不得明显减小，螺纹连接良好。

⑦ 卸扣的使用不得超过规定的安全负荷。

（三）手动葫芦作业

链式起重机（手动葫芦）技术性能见表 13-6。

表 13-6 链式起重机（手动葫芦）技术性能

型号	HS 1/2	HS1	HS1 1/2	HS2	HS2 1/2	HS3	HS5	HS7 1/2	HS10	HS15	HS20
起重量/t	0.5	1	2	2	2.5	3	5	7.5	10	15	20
标准起升高度/m	2.5	2.5	2.5	2.5	2.5	3	3	3	3	3	3
满载链拉力/N	195	310	350	320	390	350	390	395	400	415	400
净重/kg	7	10	15	14	25	24	36	48	68	105	150

① 手动葫芦的额定负荷应大于被吊物重量。如果是有可能受到冲击的作业，应使用荷重量的 4 倍以上容量的手动葫芦。

② 大楼的吊钩悬吊点及滑轮的强度应足够。

③ 吊起物体时，先慢慢起升，待起重链条拉紧后，检查各零部件有无异常，吊钩是否合适，确认正常后，再继续操作。

④ 要移动已吊起的物体时，应从后面推，而不能往自己跟前拉。

⑤ 手动葫芦在水平和倾斜方向上使用时，拉链的方向要同链轮方向一致。

⑥ 不能站到正在搬运吊起之中的物体上面或钻入到其下方。

⑦ 手动葫芦的链条、索具卸扣等的安全系数应在 5 以上，且应没有磨损、变形、裂纹等。吊起重物过程中，当手拉不动时，应查明原因，绝不能有意增加人员强拉。

⑧ 应使用吊钩处有防脱钩装置的手动葫芦。

⑨ 葫芦下吊钩的钢丝绳挂法为将绳的眼孔挂入吊钩或在重物处将绳穿过绳孔。

⑩ 使用葫芦时不能将物体吊到半空就任由其吊着不加处理，甚至离开现场。

⑪ 在机房设有吊装孔的场合，葫芦在电梯机房吊钩的安装、拆除作业应在机房开口部位脚架板盖上之后才进行，且应设置人字梯或脚手架等。

安装注意事项：

① 葫芦装上吊钩时可麻绳与人力并用；

② 在开口处铺上脚手架板，一定要使用人字梯等；

③ 经人字梯一定要支撑好，不能移动。

（四）电动卷扬机作业

（1）卷扬机选用原则

① 卷扬机的额定曳引力应大于所需提拉力的 2 倍。

$$所需提拉力＝起吊重量(t)×滑轮组的减力比×传动效率$$

② 卷扬机所用的钢丝绳的破断拉力应大于所需提拉力的 11 倍，且直径不能小于 $\phi10mm$。

③ 卷扬机应带有抱闸，断电时应能可靠制动。

（2）卷扬机的固定

① 卷扬机座必须牢固可靠地固定，设置在不妨碍箱头运输的通道上，其位置不能浮动和不平，必须能承受起重物所需提拉力 15 倍的水平作用力。

② 卷扬机至第 1 个动滑轮的距离不能过小，保证卷扬机的偏转角度小于 3°。

③ 在行人通道的曳引钢丝绳上，必须设置防护物体。

（3）电动卷扬机的选用　电动卷扬机应选用与起重物重量相适应的技术规格，参见表 13-7。

（4）电动卷扬机使用时的注意事项

① 设置在易转动的位置，不能有凸起或偏离。

② 钢丝绳不能有乱卷绕，不能碰到其他物件。

③ 偏转角不超过 3°。

④ 挂好钢丝绳后，应先将吊挂物稍稍吊离地面，确认电动卷扬机的抱闸及吊挂物的状态。

⑤ 卷扬机的操作者不能将重物吊在半空就离开现场。

⑥ 搬运重物时，不能站到货物上，也不能钻到货物底下。

⑦ 不能用手脚接触电动卷扬机、吊挂重物的钢丝绳及旋转部位、活动部位，尤其不能接触钢丝绳或吊挂中的部件。

⑧ 由于移动着的物体较危险，故绝对不能碰到障碍物。

表 13-7　电动卷扬机的技术规格

| 类型 | 卷扬机 | | | | | | | 电动机功率/kW | 总重量/t |
	起重能力/t	卷筒直径/mm	卷筒长度/mm	平均绳速/(m/min)	容绳量/m 钢丝绳直径/mm	外形尺寸/mm 长×宽×高			
单卷筒	1	200	350	36	200 ϕ12.5	1390×1375×800		7	1
单卷筒	3	340	500	7	110 ϕ12.5	1570×1460×1020		7.5	1.1
单卷筒	5	400	840	8.7	190 ϕ21	2033×1800×1037		11	1.9
单卷筒	3	350	500	27.5	300 ϕ16	1800×2795×1258		28	4.5
单卷筒	5	220	600	32	500 ϕ22	2497×3096×1389.5		40	5.4
单卷筒	7	800	1050	6	600 ϕ31	3190×2553×1690		20	6.0
单卷筒	10	750	1312	6.5	1000 ϕ31	3839×2305×1793		22	9.5
单卷筒	20	850	1321	10	600	3820×3360×2085		55	14.6

（五）滑轮

（1）滑轮的选用原则

① 选用 6 倍以上安全系数的滑轮（包括动滑轮或定滑轮）。

② 必须使用带有闭口吊环的滑轮，禁止使用带开口钩的滑轮。

③ 根据所需减力比，选择不同槽数的滑轮。

滑轮技术规格参见表 13-8。

表 13-8　国内 H 系列滑轮技术规格

| 滑轮代号/形式 | | | 滑轮吨位 | | | | | | | | | |
			0.5	1	2	3	5	8	10	16	20	32
单轮		吊钩	H0.5×1G	H1×1G	H2×1G	H3×1G	H5×1G	H8×1G	H10×1G	H16×1G	H20×1G	
		链环	H0.5×1L	H1×1L	H2×1L	H3×1L	H5×1L	H8×1L	H10×1L	H16×1L	H20×1L	
双轮	闭口	吊钩		H1×2G	H2×2G	H3×2G	H5×2G	H8×2G	H10×2G	H16×2G	H20×2G	
		链环		H1×2L	H2×2L	H3×2L	H5×2L	H8×2L	H10×2L	H16×2L	H20×2L	
		吊环		H1×2D	H2×2D	H3×2D	H5×2D	H8×2D	H10×2D	H16×2D	H20×2D	H32×2D

（2）滑轮的固定

① 每个定滑轮必须牢固可靠地固定，定滑轮必须能承受 15 倍的作用力而不松脱。

② 井道顶部固定滑轮必须用两组 4 条 ϕ12mm 钢丝绳挂在机房吊钩上。

③ 在起重时的动滑轮下部，应使用钢丝绳消除扭绞装置。此外吊起导轨时，也应该使用消除扭绞装置与索具卸扣，选用 6 倍以上安全系数的索具卸扣，其技术规格参见表 13-9。

表 13-9　索具卸扣的技术规格

卸扣号码	许用负荷/kg	适用钢丝绳最大直径/mm	主要尺寸/mm				
			横销螺纹直径 d_1	卸扣本体直径 d_2	横销全长 L	环孔间距 B	环孔高度 H
0.2	200	4.7	M8	6	35	12	35
0.3	330	6.5	M10	8	44	16	45
0.5	500	8.5	M12	10	55	20	50
0.9	930	9.5	M16	12	65	24	60
1.4	1450	13	M20	16	86	32	80
2.1	2100	15	M24	20	101	36	90
2.7	2700	17.5	M27	22	111	40	100
3.3	3300	19.5	M30	24	123	45	110
4.1	4100	22	M33	27	137	50	120
4.9	4900	26	M36	30	153	58	130
6.8	6800	28	M42	36	176	64	150
9.0	9000	31	M48	42	197	70	170
10.7	10700	34	M52	45	218	80	190
16.0	16000	43.5	M64	52	262	100	235

（六）麻绳

① 合理选用安全系数，做吊索时为 6～10。

② 麻绳完好，无腐烂变质，无扭结，断头无松散。

（七）钢丝绳夹

钢丝绳夹选用原则：根据钢丝绳直径选用钢丝绳夹。钢丝绳夹技术规格参见表 13-10。

表 13-10　钢丝绳夹技术规格

型号	适用钢丝绳最大直径/mm	螺栓直径 d	螺母厚度 h	主要尺寸/mm					
				一般可锻铸铁制			高强度锻铸铁制		
				螺栓中心距 A	螺栓全高 H	底板厚度 S	螺栓中心距 A	螺栓全高 H	底板厚度 S
Y-6	6	M6	5	14	35	8	13	30	5
Y-8	8	M8	6	18	44	10	17	38	6
Y-10	10	M10	8	22	55	13	21	48	7.5
Y-12	12	M12	10	28	69	16	25	58	9
Y-15	15	M14	11	33	83	19	30	69	11
Y-20	20	M16	13	39	96	22	37	86	13
Y-22	22	M18	14	44	108	24	41	94	14

（八）千斤顶

① 千斤顶严禁超负荷使用。

② 千斤顶工作时，要放在平整坚实的地面上，在其下垫枕木、木板，位置摆正。

③ 顶升时，用力要均匀。卸载时，不能突然放松，应缓缓下降，检查重物是否支撑坚固。

④ 千斤顶严禁长时间支撑重物。

思 考 题

13-1　使用钢丝绳挂吊重物时要注意哪些问题？

13-2　如何选用和固定卷扬机？

13-3　电梯安装需要哪些搬运工具及设备？

第十四章 电梯施工中电气设备安全技术要求

第一节 电梯施工用电气设备安全技术要求

一、施工用电气装置必须具备的条件

① 有切断电源的装置。

② 有漏电保护。

③ 有过流、过压保护。

④ 所有电压均属危险，36V以上电压足以造成严重事故。

⑤ 对没带电的电路也应看作带电线路处理。

⑥ 进行电气作业时，应站在干燥木板、橡胶垫板等绝缘物体上，不能站在有水的地面、道路中及其他金属物体上进行电气作业。

⑦ 在测试电路上的任何电压值时，电压表应拨至表上最高一挡。

⑧ 在电梯的电气装置系统周围工作时应谨慎小心，应注意到系统中某些电路的实际电压可能比输入电路的电压要高得多。

⑨ 使用的临时线必须便于移动和拆除，规定用鲜明颜色和足够长度及截面直径的导线。当电梯投入正常运行之前，所有临时线一定要拆除。

⑩ 在较高地方安装电气装置时，必须使用木制的爬梯或工作平台。

⑪ 开始使用前，对准备使用的移动型或可搬型电动机械器具、电动机、变压器和交流弧焊机、焊接焊条钳、漏电保护器、移动电线及附属的连接器具等都要检查，发现异常时，马上修衬或更换。

二、电气装置一般技术要求

1. 保险丝

一切电气装置必须在电源装配保险丝，以防过电流。该保险丝的额定电流不超过电路内最细导线的额定电流，保险丝必须串接在火线上。

表14-1可作为选择导线作保险丝的参考。

表 14-1 保险丝规格

保险丝额定电流/A	铜质导线直径/mm	英制线规(SWG)
3	0.152	38
5	0.213	35
10	0.345	29
15	0.508	25
20	0.610	23
30	0.813	21
46	1.219	18
60	1.422	17
100	2.032	14

2. 导线

过载电流将使导线产生高温，从而破坏导线的绝缘物质，甚至会引起火警。各导线及其容许电流可参考表 14-2 和表 14-3。

表 14-2 PVS 绝缘单股单胶铜质线及其容许电流

导线		暗线		明线	
横切面积 /mm²	根数×直径/mm	单相 AC 或 DC 容许电流/A	3 相 3 线或 4 线容许电流/A	单相 AC 或 DC 容许电流/A	3 相 3 线或 4 线容许电流/A
1.0	1×1.13	14	12	17	16
1.5	1×1.33	17	14	21	20
2.5	1×1.76	24	21	30	26
4	7×0.85	32	29	40	36
6	7×1.04	41	37	50	45
10	7×1.35	55	51	68	61
16	7×1.70	74	66	90	81
25	7×2.14	97	87	118	106
35	19×1.53	119	10	145	130

表 14-3 PVC 绝缘双股双胶铜质线及其容许电流

导线		暗线		明线	
横切面积 /mm²	根数×直径/mm	单相 AC 或 DC 容许电流/A	3 相 3 线或 4 线容许电流/A	单相 AC 或 DC 容许电流/A	3 相 3 线或 4 线容许电流/A
1.0	1×1.13	14	12	17	13
1.5	1×1.33	18	16	21	17
2.5	1×1.76	24	21	30	24
4	7×0.85	32	29	40	32
6	7×1.04	40	36	46	40

3. 接地线

① 所有电气装置外露的金属部分应有效接地，而接地连接导线的面积遵照表 14-4。

表 14-4　导线面积　　　　　　　　　　　　　　　　mm²

关联线路最大导线面积	1.0	1.5	2.5	4	6	10	16	25
接地连接导线的面积	1.0	1.0	1.0	2.5	2.5	6	6	16

② 一般用三相插头、插座以提供正常的接地。

4. 开关箱

① 进行修理时，切断开关箱。箱体须挂上禁止使用的警示牌。

② 除专用配电箱之外，要写明送电方向。

③ 使用移动式电动工具，一定要装接漏电保护装置。

④ 开关箱使用时的注意事项：

a. 装上正常的保险丝；

b. 合理整齐地布线，不要随意拖拉；

c. 防止小螺钉的脱落和未拧紧；

d. 开关箱不要随意挪动和敞开；

e. 不要跨着接线。

5. 电动工具

① 电动工具原则上一台配一只漏电保护装置。作业场地一台电源设备带动几台电动机械器具时，可能存在下述弊端：

a. 漏电的设备不知道是哪一台；

b. 一台设备的短路会使整个电源停止；

c. 重要设备由于突然停电，有时会引发大事故。

② 保护装置的额定值应正确选用，灵敏度良好，动作准确。

③ 每天检查漏电保护装置动作与否。

④ 漏电保护装置要进行规定的检查，并做好检查记录。

⑤ 现场使用的插头、插座必须完好无损。

6. 绝缘线

① 绝缘线的绝缘良好（无损伤的绝缘线）。

② 不要使用老化的线和塑料绝缘线等。

③ 用绝缘带缠绕部位和连接部位等要经常检查修补。

④ 不要把临时线和移动电线设在通道上使用。

⑤ 在具有导电性的液体中和在潮湿场所使用的移动电线和连接器具要采取有效防水的材料（绝缘性能好，耐弯折的防水连接器具等）。

⑥ 在有条件的时候电线要架空行走。

7. 便携式行灯

① 电灯灯头的露出部分要有使手碰不到的防护装置。

② 使用不容易破损或不易变形的材料。

③ 对线路中使用的开关，作业时上锁或设监护人。

第二节　电梯电气施工安全操作要求

一、引用标准

GB 50254—2014《电气装置安装工程低压电器施工及验收规范》

GB 50256—2014《电气装置安装工程起重机电气装置施工及验收规范》

GB 50169—2016《电气装置安装工程接地装置施工及验收规范》

GB 50257—2014《电气装置安装工程爆炸和火灾危险环境电气装置施工及验收规范》

GB 50150—2016《电气装置安装工程电气设备交接试验标准》

GB 50310—2002《电梯工程施工质量验收规范》

二、电气装置安装施工

① 新建或改造电气线路、开关柜、配电箱，用电设备安装施工前都应有设计、计算依据，对供电容量在 30kW 以下动力装置可按常规配置导线、开关、过流、过载保护方式进行。

② 电气装置中所购导线、刀闸、断路器、接触器、熔断器及各类开关、保护元件等电气元件，都应具备产品合格证、生产厂名、厂址及技术参数，严禁安装使用无合格证、厂名、厂址、技术参数的电气产品。

③ 电气装置安装竣工后，必须进行竣工验收，验收标准按有关电气装置安装工程施工与验收规范规定执行。

三、其他部分

① 电气设备防火要求按消防规定执行，一旦电气设备着火时，应立即切断电源，用四氯化碳、1211 干式灭火器灭火。严禁用水或泡沫灭火。

② 建筑物、构筑物的防雷、消雷装置的设计、安装、验收均应按规范执行。防雷消雷装置每年定期检测其完好性，检测工作应申请市避雷检测站负责进行。对防雷装置——避雷针、避雷带、接地引下线、接地体等均应保持完好，严禁拆除或损坏。需要拆动，应向安保部提出申请，经同意后方可拆动，但应限期修复。防雷装置维修由基建部门负责。

③ 对易燃易爆场所电气设备，必须根据使用规程规定，选择防爆线路及控制设备、用电设备，验收合格后才能接电使用。

思　考　题

14-1　电气操作人员上岗工作有哪些要求？

14-2　作业场地一台电源开关箱配几台电动工具时，为什么要求一台配一只漏电保护装置？

参考文献

[1]　夏国柱.电梯安全管理人员培训考核必读.北京：机械工业出版社，2013.

[2]　陈秀和.电梯安装工程.广州：中山大学出版社，2012.

[3]　冀彩云.建筑工程项目管理.北京：高等教育出版社，2014.

[4]　危道军，胡永骁.工程项目承揽与合同管理.北京：高等教育出版社，2013.

[5]　人力资源和社会保障部教材办公室.电梯电气控制原理及维护.北京：中国劳动社会保障出版社，2009.